設計技術シリーズ

パワーエレクトロニクスにおける
コンバータの基礎と設計法
―小型化・高効率化の実現―

[著]

茨城大学

鵜野 将年

科学情報出版株式会社

まえがき

　パワー半導体デバイスを用いた電力変換技術を取り扱うパワーエレクトロニクスは、電力を必要とするあらゆる機器で用いられており我々の生活には欠かせない技術である。従来から幅広い分野で応用されてきた技術ではあるが、近年における再生エネルギーの導入、リチウムイオン二次電池の登場、モノの電動化、に伴いパワーエレクトロニクスの需要は飛躍的な高まりを見せている。それを反映するかのように、パワーエレクトロニクスを志す大学生ならびに企業技術者が増加している。

　パワーエレクトロニクスで用いられる電力変換回路（コンバータ）はパワー半導体デバイスのスイッチング状態に応じて回路中の素子に流れる電流ならびに印加電圧が大きく変化し、その動作の詳細について理解するのは難しいと言われる。大学の学士向けの教科書などでは動作原理が比較的シンプルな電力変換回路を対象に絞って解説する場合が多いが、実際には非常に多くの応用回路方式が用途や要求によって使い分けられている。特に直流電力変換回路については幾多の回路方式が存在しており、初学者がその全貌について把握するのは容易ではない。昨今では、モバイル機器や電気自動車をはじめ、電力変換回路の応用先がますます多様化すると同時に、高効率化と小型化が強く求められている。用途や要求に応じて適切な電力変換回路方式を選定することになるが、そのためには各種方式の動作概要ならびに長短について把握しておく必要がある。

　本書はパワーエレクトロニクスを志す大学院生および企業で製品開発に従事する若手技術者を対象とする。2章と3章では直流電力変換回路の基礎として、非絶縁形 DC-DC コンバータと絶縁形 DC-DC コンバータをそれぞれ俯瞰する。電力変換回路の高効率化と小型化に向けて必要となる基礎知識として、4章では各種の損失、5章では小型化に向けたアプローチについて解説する。6章から9章では、共振動作を取り入れた共振形コンバータやコンデンサを利用することで回路の小型化を達成するスイッチトキャパシタコンバータなど、各種の応用回路方式についての

解説を行う。

　本書では、多様化する直流電力変換回路の用途と高まる要求に対し、読者の方々が適切かつ柔軟に対処できるよう、たくさんの回路方式を取り上げるよう努めた。各回路方式の詳細については文献を参照していただくことになるが、本書が読者の方の学習または業務の一助となれば幸いである。

目　　次

1．緒言

1.1．パワーエレクトロニクスを取り巻く環境 ・・・・・・・・・・・・・・・・・・3
1.2．直流電力変換器の小型化へのアプローチ ・・・・・・・・・・・・・・・5
1.3．本書の構成・・8

2．非絶縁形DC-DCコンバータ（チョッパ回路）

2.1．チョッパ回路・・・・・・・・・・・・・・・・・・・・・・・・・・・・・・・・・・・・ 11
　2.1.1．回路構成 ・・・・・・・・・・・・・・・・・・・・・・・・・・・・・・・・・ 11
　2.1.2．各回路の関係性 ・・・・・・・・・・・・・・・・・・・・・・・・・・・ 11
　2.1.3．降圧チョッパの簡易動作解析・・・・・・・・・・・・・・・・・ 12
　　2.1.3.1．動作モード ・・・・・・・・・・・・・・・・・・・・・・・・ 12
　　2.1.3.2．入出力電圧変換特性 ・・・・・・・・・・・・・・・・ 15
　　2.1.3.3．リプル電流と平滑コンデンサ ・・・・・・・・・ 15
　2.1.4．電流連続モードと電流不連続モード ・・・・・・・・・ 17
　2.1.5．同期整流モード ・・・・・・・・・・・・・・・・・・・・・・・・・・・ 19
2.2．インダクタを2つ用いたチョッパ回路 ・・・・・・・・・・・・・・・ 22
　2.2.1．回路構成 ・・・・・・・・・・・・・・・・・・・・・・・・・・・・・・・・・ 22
　2.2.2．特徴 ・・・・・・・・・・・・・・・・・・・・・・・・・・・・・・・・・・・・・ 23
　2.2.3．SEPIC の簡易動作解析 ・・・・・・・・・・・・・・・・・・・・ 24
　2.2.4．Superbuck コンバータの簡易動作解析 ・・・・・・・ 26
2.3．Hブリッジを用いた昇降圧チョッパ回路 ・・・・・・・・・・・・・ 29
　2.3.1．回路構成と特徴 ・・・・・・・・・・・・・・・・・・・・・・・・・・・ 29
　2.3.2．動作解析（同期駆動とインタリーブ駆動）・・・・・・・・ 30
　2.3.3．インダクタのリプル電流 ・・・・・・・・・・・・・・・・・・・ 32

3．絶縁形DC-DCコンバータ

3.1．フライバックコンバータ ・・・・・・・・・・・・・・・・・・・・・・・・ 40
　3.1.1．回路構成 ・・・・・・・・・・・・・・・・・・・・・・・・・・・・・・・ 40
　3.1.2．動作解析 ・・・・・・・・・・・・・・・・・・・・・・・・・・・・・・・ 40
　3.1.3．スナバ回路を含めた動作解析・・・・・・・・・・・・・・・ 43
3.2．フォワードコンバータ ・・・・・・・・・・・・・・・・・・・・・・・・・・ 48
　3.2.1．回路構成 ・・・・・・・・・・・・・・・・・・・・・・・・・・・・・・・ 48
　3.2.2．動作解析 ・・・・・・・・・・・・・・・・・・・・・・・・・・・・・・・ 49
3.3．チョッパ回路を基礎とした他の絶縁形DC-DCコンバータ ・・・・・・・ 53
3.4．ブリッジ回路を用いた絶縁形DC-DCコンバータ ・・・・・・・・・ 54
3.5．ハーフブリッジセンタータップコンバータ・・・・・・・・・・・・・・ 57
　3.5.1．回路構成 ・・・・・・・・・・・・・・・・・・・・・・・・・・・・・・・ 57
　3.5.2．動作解析 ・・・・・・・・・・・・・・・・・・・・・・・・・・・・・・・ 57
3.6．非対称ハーフブリッジコンバータ ・・・・・・・・・・・・・・・・ 60
　3.6.1．回路構成 ・・・・・・・・・・・・・・・・・・・・・・・・・・・・・・・ 60
　3.6.2．動作解析 ・・・・・・・・・・・・・・・・・・・・・・・・・・・・・・・ 60
　3.6.3．トランスの直流偏磁 ・・・・・・・・・・・・・・・・・・・・・・ 64
3.7．Dual Active Bridge（DAB）コンバータ ・・・・・・・・・・・・ 66
　3.7.1．回路構成 ・・・・・・・・・・・・・・・・・・・・・・・・・・・・・・・ 66
　3.7.2．動作解析 ・・・・・・・・・・・・・・・・・・・・・・・・・・・・・・・ 67
　3.7.3．零電圧スイッチング（ZVS）領域・・・・・・・・・・・・・・ 73

4．コンバータにおける各種の損失

4.1．電流の2乗に比例する損失（ジュール損失） ・・・・・・・・・・・ 78
　4.1.1．MOSFET のオン抵抗 ・・・・・・・・・・・・・・・・・・・・・・ 78
　4.1.2．コンデンサの等価直列抵抗 ・・・・・・・・・・・・・・・・ 78
　4.1.3．トランスやインダクタにおける銅損 ・・・・・・・・・・・ 81
4.2．電流に比例する損失・・・・・・・・・・・・・・・・・・・・・・・・・・・・・ 83

　4．2．1．　IGBT における導通損失・・・・・・・・・・・・・・・・・・・・・　83

　4．2．2．　ダイオードの順方向降下電圧による導通損失　・・・・・・・・・・　83

　4．2．3．　スイッチング損失　・・・・・・・・・・・・・・・・・・・・・・・・　83

　4．2．4．　ZVS によるスイッチング損失低減　・・・・・・・・・・・・・・・　85

4．3．　電流に無依存の損失（固定損失）　・・・・・・・・・・・・・・・・・・　90

　4．3．1．　MOSFET の入力容量と出力容量　・・・・・・・・・・・・・・・・　90

　4．3．2．　ダイオードの逆回復損失　・・・・・・・・・・・・・・・・・・・・　91

　4．3．3．　トランスの鉄損　・・・・・・・・・・・・・・・・・・・・・・・・・　91

4．4．　電力変換回路の最高効率点　・・・・・・・・・・・・・・・・・・・・・・　93

5．コンバータの小型化へのアプローチとその課題

5．1．　小型化へのアプローチ　・・・・・・・・・・・・・・・・・・・・・・・・　98

5．2．　高周波化による受動素子の小型化とその課題・・・・・・・・・・・・・・　99

　5．2．1．　受動素子の充放電エネルギー量・・・・・・・・・・・・・・・・・・　99

　5．2．2．　高周波化に伴う損失増加　・・・・・・・・・・・・・・・・・・・・100

　5．2．3．　ソフトスイッチングによるスイッチング損失の低減　・・・・・・100

　5．2．4．　ワイドギャップ半導体デバイスによる高周波化と損失低減・・102

5．3．　高エネルギー密度の受動素子採用による小型化・・・・・・・・・・・・・104

　5．3．1．　インダクタとコンデンサのエネルギー密度　・・・・・・・・・・・104

　5．3．2．　コンデンサを用いた電力変換・・・・・・・・・・・・・・・・・・・104

5．4．　高効率化や高温度耐性部品の採用による廃熱系バイスの小型化　・・107

5．5．　スイッチや受動部品の統合による部品点数の削減・・・・・・・・・・・・108

　5．5．1．　コンバータ単体レベルでの磁性素子の統合　・・・・・・・・・・・108

　5．5．2．　システムレベルでの統合　・・・・・・・・・・・・・・・・・・・・109

6. 共振形コンバータ

6.1. 概要 ・・・・・・・・・・・・・・・・・・・・・・・・・・・120
　6.1.1. 共振形コンバータの構成と特徴・・・・・・・・・・・・・・・・・・120
　6.1.2. 共振形コンバータの種類と特徴・・・・・・・・・・・・・・・・・・121
6.2. 直列共振形コンバータ ・・・・・・・・・・・・・・・・・・・・・123
　6.2.1. 回路構成 ・・・・・・・・・・・・・・・・・・・・・・・・123
　6.2.2. 共振周波数とスイッチング周波数の関係 ・・・・・・・・・・・124
　6.2.3. 動作モード $(f_s > f_r)$ ・・・・・・・・・・・・・・・・・125
　6.2.4. 基本波近似による解析 ・・・・・・・・・・・・・・・・・・128
　6.2.5. 動作モード $(f_s < f_r)$ ・・・・・・・・・・・・・・・・・131
6.3. LLC共振形コンバータ ・・・・・・・・・・・・・・・・・・・・134
　6.3.1. 回路構成 ・・・・・・・・・・・・・・・・・・・・・・・・134
　6.3.2. 共振周波数とスイッチング周波数の関係 ・・・・・・・・・・・135
　6.3.3. 動作モード $(f_{r0} > f_s > f_{rp})$ ・・・・・・・・・・・・135
　6.3.4. 動作モード $(f_s > f_{r0})$ ・・・・・・・・・・・・・・・・140
　6.3.5. 基本波近似による解析 ・・・・・・・・・・・・・・・・・・140
　6.3.6. ZVS 条件・・・・・・・・・・・・・・・・・・・・・・・・143

7. スイッチトキャパシタコンバータ

7.1. 概要 ・・・・・・・・・・・・・・・・・・・・・・・・・・・148
7.2. SCCの代表的な回路構成 ・・・・・・・・・・・・・・・・・・・149
7.3. 基本回路の解析・・・・・・・・・・・・・・・・・・・・・・・151
　7.3.1. 簡易モデル ・・・・・・・・・・・・・・・・・・・・・・・151
　7.3.2. 詳細モデル ・・・・・・・・・・・・・・・・・・・・・・・155
7.4. SCC回路の解析・・・・・・・・・・・・・・・・・・・・・・・158
　7.4.1. ラダーSCC ・・・・・・・・・・・・・・・・・・・・・・・158
　　7.4.1.1. 特徴 ・・・・・・・・・・・・・・・・・・・・・・・158
　　7.4.1.2. 動作概要 ・・・・・・・・・・・・・・・・・・・・・158

　　　7．4．1．3．電荷移動解析 ・・・・・・・・・・・・・・・・・・・・・・・・・・・160
　　7．4．2．直列／並列SCC ・・・・・・・・・・・・・・・・・・・・・・・・・・162
　　　7．4．2．1．特徴 ・・・・・・・・・・・・・・・・・・・・・・・・・・・・・・・162
　　　7．4．2．2．動作概要 ・・・・・・・・・・・・・・・・・・・・・・・・・・・・163
　　7．4．3．フィボナッチSCC ・・・・・・・・・・・・・・・・・・・・・・・・・164
　　　7．4．3．1．特徴 ・・・・・・・・・・・・・・・・・・・・・・・・・・・・・・・164
　　　7．4．3．2．動作概要 ・・・・・・・・・・・・・・・・・・・・・・・・・・・・164

8．スイッチトキャパシタコンバータの応用回路

8．1．ハイブリッドSCC ・・・・・・・・・・・・・・・・・・・・・・・・・・・・・・・170
　8．1．1．回路構成と特徴 ・・・・・・・・・・・・・・・・・・・・・・・・・・・170
　8．1．2．ハイブリッドラダー SCC の動作 ・・・・・・・・・・・・・・・172
　8．1．3．電荷移動解析 ・・・・・・・・・・・・・・・・・・・・・・・・・・・・・174
　8．1．4．インダクタのサイズ ・・・・・・・・・・・・・・・・・・・・・・・176
　8．1．5．ハイブリッドラダー SCC の拡張回路 ・・・・・・・・・・・178
8．2．位相シフトSCC ・・・・・・・・・・・・・・・・・・・・・・・・・・・・・・・181
　8．2．1．回路構成と特徴 ・・・・・・・・・・・・・・・・・・・・・・・・・・・181
　8．2．2．動作モード ・・・・・・・・・・・・・・・・・・・・・・・・・・・・・・182
　8．2．3．出力特性 ・・・・・・・・・・・・・・・・・・・・・・・・・・・・・・・・185
　8．2．4．位相シフト SCC の拡張回路 ・・・・・・・・・・・・・・・・・186
8．3．共振形SCC・・・・・・・・・・・・・・・・・・・・・・・・・・・・・・・・・・・187
　8．3．1．回路構成と特徴 ・・・・・・・・・・・・・・・・・・・・・・・・・・・187
　8．3．2．動作モード ・・・・・・・・・・・・・・・・・・・・・・・・・・・・・・188
　8．3．3．ゲイン特性 ・・・・・・・・・・・・・・・・・・・・・・・・・・・・・・190
　8．3．4．共振形 SCC の拡張回路 ・・・・・・・・・・・・・・・・・・・・193

9. コンデンサにより小型化を達成するコンバータ

9.1. Luoコンバータ ·······················198
　9.1.1. 回路構成と特徴 ················198
　9.1.2. 動作モード ···················198
　9.1.3. インダクタサイズの比較 ········201
9.2. フライングキャパシタを用いた降圧チョッパ···202
　9.2.1 回路構成と特徴 ··············202
　9.2.2 動作モード ················202
　9.2.3 インダクタサイズの比較 ·······205
9.3. フライングキャパシタマルチレベルDC-DCコンバータ·······207
　9.3.1. 回路構成と特徴 ··············207
　9.3.2. 動作モード ················208
　9.3.3. インダクタサイズの比較 ········211

1

緒言

1.1. パワーエレクトロニクスを取り巻く環境

　パワーエレクトロニクスはパワー半導体デバイスを用いた電力変換を取り扱う工学分野であり、スマートフォンやノートパソコン等の身近なモバイル機器から産業機器や電力系統まで、電力を必要とするありとあらゆる所で利用されている技術である。従来から幅広い用途で応用されている技術分野であるが、近年は特にその重要性が高まっている。

　主な契機としては、太陽光発電に代表される再生エネルギーの大量導入、リチウムイオン二次電池の登場、モノの電動化、が挙げられる。太陽電池パネルの低コスト化と固定価格買い取り制度により太陽光発電は急速に普及し、多くの家庭や商業施設が電力変換器の一種であるパワーコンディショナを保有するようになった。リチウムイオン二次電池の登場によりモバイル機器の駆動時間は飛躍的に向上し、今では一人で複数台のモバイル機器を持ち歩くことも珍しくない。モバイル機器に不可欠な充電器やアダプタは電力変換器であり、一昔前の製品と比べて大幅に軽量化された。自動車は電動化され、リチウムイオン二次電池の性能向上により電気自動車の航続距離は飛躍的に拡大した。先進国のみならず新興国でも電動車両の販売台数は増加しており、従来のガソリン車から電気自動車へと急速にシフトしている。現在では、多くの企業が電気自動車の開発と性能向上にしのぎを削っている。大衆車クラスで50個程度、高級車では100個以上のモータが搭載されるが、これらを駆動するインバータも電力変換器の一種である。バッテリをエネルギー源とする電気自動車ではあらゆる車載機器で電力変換器が必要であり、電気自動車はパワーエレクトロニクス技術の塊と言っても過言ではない。

　効率改善と小型化は、あらゆる工学分野における普遍的課題である。パワーエレクトロニクス分野においても上述の背景に伴い、電力変換器の高効率化と小型化に対する要求が高まっている。電力変換効率については、多くの製品で90〜95%を達成しており、カタログ値で98%以上の高効率を達成する製品も登場している。言い換えると、効率改善の余地は数ポイントだけであるため、今後に技術革新があっても大幅な効率改善は見込めない。それに対して、電力変換器の小型化については十分

な余地があり、パワー半導体デバイスや受動素子の性能向上や新規回路
方式ならびに制御技術の開発とともに日進月歩で着実に電力変換回路の
小型化が進んでいる。今後は、電力変換効率を落とさずに如何に小型化
を実現するかが重要になるであろう。

1.2. 直流電力変換器の小型化へのアプローチ

　チョッパ回路や DC-DC コンバータ等の直流電力変換器主回路におい
て最も大きな体積ならびに重量割合を占める部品はインダクタやトラン
ス等の磁性素子であり、これらの素子を如何に小型化するかが回路全体
の小型化を達成するための鍵となる（図 1-1）。また、コンデンサも比較
的大きな体積を占めるため、磁性素子と同様に小型化が望まれる。
MOSFET（Metal-Oxide Semiconductor Field-Effect Transistor）や IGBT
（Insulated Gate Bipolar Transistor）等のパワー半導体スイッチは単体では
小型であるものの、ヒートシンク等の廃熱系が大型化する傾向にある。
電力変換効率の低下、すなわち損失の増加にともない廃熱系は大型化す
るため、電力変換効率を損なうことなく磁性素子やコンデンサを小型化
する必要がある。

　ここで、バケツリレーにより水を輸送することを考えてみる。バケツ
リレーでは、水の容器であるバケツを用いて水の受け渡しを行う。輸送
される水量は、容器の体積（正確には容積）と受け渡しの頻度（周波数）
の積で決定される。水の輸送量はそのままに容器の体積を半分にしたい

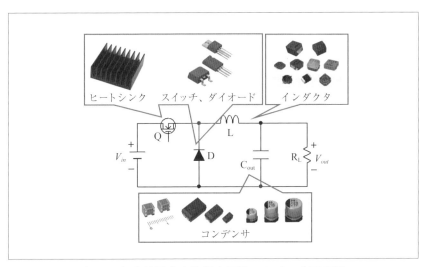

〔図 1-1〕直流電力変換器主回路における主要素子

のであれば、バケツによる水の受け渡し頻度を2倍にすればよい。受け渡しの頻度を高めてやれば、バケツの代わりに小さなコップでも同じ量の水を輸送することもできる。

　バケツリレーによる水輸送をイメージすると、回路の小型化へのアプローチを理解しやすい。電力変換器における磁性素子やコンデンサ等の受動素子はエネルギー蓄積素子であり、つまりは電気エネルギーを蓄えるための容器である。電力変換器では、スイッチング周期毎にエネルギー蓄積素子が電気エネルギーの受け渡しを行うことで、入力端子から出力端子へと電気エネルギーの輸送を行う。バケツリレーと同様、容器を小さくする（つまり受動素子を小型化する）ためには頻度を高くしてやればよい。これは、スイッチング周波数を高めることに他ならない。高いスイッチング周波数で電力変換器を動作させることで磁性素子やコンデンサ等のエネルギー蓄積素子を小型化しつつ同じ電力を伝送することができる。

　バケツリレーで素早く水の受け渡しを行うと、水が多少こぼれてしまい水の喪失が発生する。水をこぼさないためには、受け渡し時にゆっくりソフトに受け渡す必要がある。これは電力変換器におけるスイッチング動作にも同様にあてはまる。スイッチング時にはスイッチの電圧と電流が大きく変化し、それに伴い電力損失（スイッチング損失）が生じる

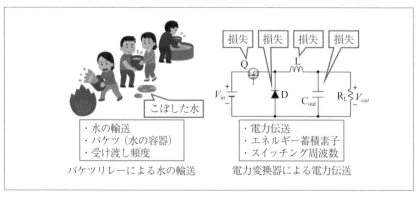

〔図1-2〕バケツリレーによる水の輸送と電力変換器による電力伝送

ため、無闇にスイッチング周波数を高めるとスイッチング損失が大きくなってしまう。スイッチング損失を抑えるためには、スイッチング時はゆっくりとソフトに電流もしくは電圧が変化するよう工夫する必要がある（ソフトスイッチングの採用）。

　また、エネルギー蓄積素子は種類によりエネルギー密度が大きく異なる。つまり、同体積でも素子の種類によって蓄積可能なエネルギー量は異なる。よって、高いエネルギー密度の素子を採用することで回路の小型化を達成することができる。これは非圧縮性流体である水を用いたバケツリレーでは成し得ない事である。

　以上を踏まえ、電力変換器の小型化のためのアプローチの主軸として、本書では①高周波化と②高エネルギー密度の受動素子採用による小型化、を重点的に取り扱う。

1.3. 本書の構成

　本書では、直流電力変換器（以降、コンバータもしくはチョッパと呼ぶ）を主に取り扱い、交流電力変換器については他の良書に譲る。まず、コンバータの基礎として、2章では非絶縁形 DC-DC コンバータ（チョッパ回路）を、3章では絶縁形コンバータの基礎について解説する。次に、コンバータの性能指標としてサイズと並んで重要である効率について論じるために、4章ではコンバータにおける各種の損失について解説する。コンバータの小型化を達成するために、上述の高周波化と高エネルギー密度受動素子の採用に加えて、他の重要な点について5章で述べる。6章ではソフトスイッチング動作を利用した共振形コンバータの基礎について解説し、以降の7~9章では磁性素子と比較して高エネルギー密度の受動素子であるコンデンサを利用することでコンバータの小型化を実現する各種回路方式の基礎について解説を行う。

2

非絶縁形
DC-DCコンバータ
（チョッパ回路）

2.1. チョッパ回路

2.1.1. 回路構成

　非絶縁形 DC-DC コンバータはチョッパ回路とも呼ばれ、電力変換回路として最も基礎的な回路である。最も汎用的なチョッパ回路として、降圧チョッパ、昇圧チョッパ、昇降圧チョッパ、の3種類の回路が知られている。図 2-1 ～ 図 2-3 にそれぞれの回路構成を示す。ここでは、スイッチは MOSFET であるものとし、D_b は MOSFET のドレイン - ソース間に形成されるボディダイオードである。いずれも、入力平滑コンデンサ C_{in} と出力平滑コンデンサ C_{out} に加えて、スイッチ Q と還流ダイオード D とインダクタ L の3つの素子から成る「セル」を有する[1]。いずれのチョッパ回路においても、スイッチ Q を任意のスイッチング周波数 f_s で駆動しつつ、デューティ d（時比率）を操作することで入力電圧 V_{in} と出力電圧 V_{out} の比を調節する。

2.1.2. 各回路の関係性

　3種のチョッパ回路の違いは、セルを如何に入出力ポートに接続するかであり、その接続の違いにより降圧、昇圧、もしくは昇降圧の動作が決定される。ここで便宜的に、スイッチ Q のドレインもしくはボディダイオード D_b のカソードが接続される点をノード A、ダイオード D のアノードをノード B、インダクタ L が接続される点をノード C とする。

　例えば、図 2-1 の降圧チョッパでは、ノード A は入力電源に、ノード B はグラウンドに、ノード C は出力（負荷）にそれぞれ接続される。一方、図 2-2 の昇圧チョッパではノード A と C の接続が降圧チョッパと比べて入れ替わっている。昇圧チョッパのノード B にはスイッチが

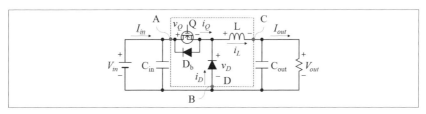

〔図 2-1〕降圧チョッパ

接続されているが、一般的にスイッチとダイオードはともにスイッチングデバイスであり、電流の向きに応じてスイッチをダイオードに置き換えることができる。即ち、降圧チョッパにおけるダイオードDは、昇圧チョッパにおいてはスイッチQに置き換えられる。同様に、降圧チョッパのノードAにおけるスイッチQは、昇圧チョッパのノードAにおいてダイオードDに置き換えられる。以上を鑑みると、降圧チョッパと昇圧チョッパはセルを左右対称に反転させたものであると見做せる。同様に、図2-3の昇降圧チョッパは、図2-1の降圧チョッパを基準にセルを反時計回りに90°回転させたものに相当する。

2．1．3．降圧チョッパの簡易動作解析
2．1．3．1．動作モード

降圧チョッパを例に、動作波形ならびに動作モードを図2-4と図2-5にそれぞれ示す。ここでは、全ての素子は理想的であるとし、Qのオン抵抗やDの順方向降下電圧は0であると仮定する。Qの駆動状態に応じて、2つのモードで動作する。

Mode 1：Qがターンオンすることで、このモードが開始する。Qは短絡状態でありLと同一の電流 i_L が流れるため、Qの電圧 v_Q と電流 i_Q は

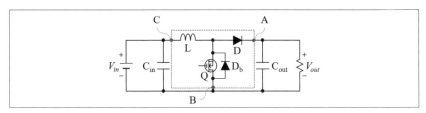

〔図2-2〕昇圧チョッパ

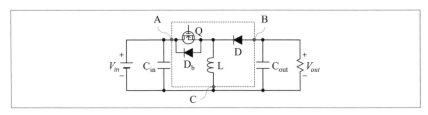

〔図2-3〕昇降圧チョッパ

次式で与えられる。

$$\begin{cases} v_Q = 0 \\ i_Q = i_L \end{cases} \cdots\cdots\cdots\cdots\cdots\cdots\cdots\cdots\cdots\cdots\cdots\cdots\cdots\cdots\cdots\cdots\cdots\cdots \quad (2\text{-}1)$$

一方、D は非導通であり電流は流れない。Q は短絡状態であり、入力電圧 V_{in} がそのまま D のカソードに印加されるため、D の電圧 v_D と電流 i_D は次式で表される。

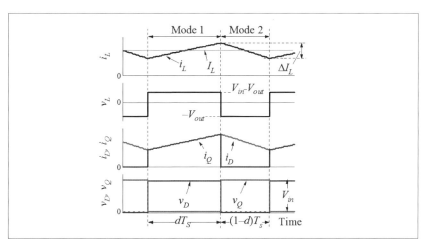

〔図 2-4〕降圧チョッパの動作波形

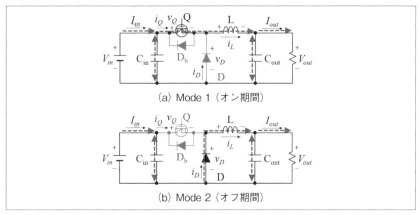

(a) Mode 1（オン期間）

(b) Mode 2（オフ期間）

〔図 2-5〕降圧チョッパの動作モード

$$\begin{cases} v_D = V_{in} \\ i_D = 0 \end{cases} \quad \cdots\cdots\cdots\cdots\cdots\cdots\cdots\cdots \quad (2\text{-}2)$$

Q が導通することで L は入力電源 V_{in} と電圧が V_{out} の負荷に挟まれた形となるため、L の電圧 v_L ならびに電流変化率 di_L/dt は、

$$\begin{cases} v_L = V_{in} - V_{out} \\ \dfrac{di_L}{dt} = \dfrac{V_{in} - V_{out}}{L} > 0 \end{cases} \quad \cdots\cdots\cdots\cdots\cdots \quad (2\text{-}3)$$

降圧チョッパでは $V_{in} > V_{out}$ であるため、di_L/dt は正の値となる。i_L は直線的に増加し、L はエネルギーを蓄える、すなわち L は充電される。

Mode 2：Q はターンオフすることで、Mode 1 で Q を介して流れていた i_L は遮断される。しかし、一般的にインダクタには電流を流し続けようとする作用が働くため、i_L は Q に替わる代替経路で流れることになる。チョッパ回路では、Q のオフ時においては D が導通することで i_L の経路が確保される。D は理想的には短絡状態となり、L と同一の電流が流れるため、

$$\begin{cases} v_D = 0 \\ i_D = i_L \end{cases} \quad \cdots\cdots\cdots\cdots\cdots\cdots\cdots \quad (2\text{-}4)$$

Q は非導通であり電流は流れない。ドレイン端子には入力電圧 V_{in} が印加される一方、D の導通によりソース端子の電位は0となる。よって、

$$\begin{cases} v_Q = V_{in} \\ i_Q = 0 \end{cases} \quad \cdots\cdots\cdots\cdots\cdots\cdots\cdots \quad (2\text{-}5)$$

D の導通により L の左側端子の電位は0となり、L の右側端子は負荷に接続されているため電位は V_{out} である。よって、Mode 2 における v_L ならびに di_L/dt は次の式となる。

$$\begin{cases} v_L = -V_{out} \\ \dfrac{di_L}{dt} = \dfrac{-V_{out}}{L} < 0 \end{cases} \quad \cdots\cdots\cdots\cdots\cdots \quad (2\text{-}6)$$

di_L/dt は負の値であり、i_L は直線的に低下する。よって、L はエネルギーを放出、即ち放電する。

2.1.3.2. 入出力電圧変換特性

定常状態においては、i_L の周期毎の変動はないと仮定できる。各周期における i_L の初期値 I_{L0} を用いて次式が得られる。

$$I_{L0} = \frac{1}{L}\int_0^{T_s} v_L dt + I_{L0} \rightarrow \frac{1}{L}\int_0^{T_s} v_L dt = 0 \quad \cdots\cdots\cdots\cdots\cdots\cdots (2\text{-}7)$$

ここで、T_s はスイッチング周期（スイッチング周波数 f_s の逆数、$T_s = 1/f_s$）である。この式から、1周期におけるインダクタ L の電圧 - 時間積（平均電圧）は 0 となることが分かる。

1周期における Q のオン時間の比率（パルス幅）を次式で与えられるデューティ d で定義する。

$$d = \frac{T_{on}}{T_s} = \frac{T_s - T_{off}}{T_s} \quad \cdots\cdots\cdots\cdots\cdots\cdots\cdots\cdots\cdots (2\text{-}8)$$

ここで、T_{on} と T_{off} はそれぞれスイッチのオン期間（Mode 1）とオフ期間（Mode 2）の長さである。d は 0 から 1 の間で操作可能な制御変数である。降圧チョッパでは、オン期間とオフ期間における L の電圧 v_L は式 (2-3) と式 (2-6) で与えられるため、これらの式に電圧 - 時間積が 0 になることを当てはめると、次式が得られる。

$$T_{on}(V_{in} - V_{out}) + T_{off}(-V_{out}) = 0$$

$$\rightarrow V_{out} = \frac{T_{on}}{T_{on} + T_{off}}V_{in} = dV_{in} \quad \cdots\cdots\cdots\cdots\cdots (2\text{-}9)$$

式 (2-9) で与えられる入出力電圧比 V_{out}/V_{in} を図 2-6 に示す。降圧チョッパでは、d を操作するパルス幅変調（PWM: Pulse Width Modulation）により、V_{in} よりも低い範囲で V_{out} を任意の値に調節することができる。

2.1.3.3. リプル電流と平滑コンデンサ

チョッパ回路では、図 2-4 に示したようにスイッチングに伴い i_L は三角波状に変化する。この時の電流変化幅であるリプル電流 ΔI_L は、式 (2-3) と式 (2-6) で与えられる印加電圧 v_L と時間（dT_s もしくは $(1-d)T_s$）の積で決定され、次式で表される。

$$\Delta I_L = \frac{V_{in} - V_{out}}{L} dT_s = \frac{V_{out}}{L}(1 - d)T_s \quad \cdots\cdots\cdots\cdots\cdots\cdots (2\text{-}10)$$

ΔI_L は各モードにおける電圧 - 時間積に比例し、インダクタンス L に反比例する。

　L の右側の端子は負荷抵抗 R_L と出力平滑コンデンサ C_{out} と接続されているが、定常状態においてコンデンサの平均電流は 0 となる。よって、L の平均電流 I_L は負荷電流 I_{out} と等しくなる。

$$I_L = I_{out} = \frac{V_{out}}{R_L} \quad \cdots\cdots\cdots\cdots\cdots\cdots\cdots\cdots\cdots\cdots\cdots (2\text{-}11)$$

ここで、R_L は負荷抵抗値である。一般的に、チョッパ回路では次式で定義されるリプル率 α が 0.3（30%）前後となるよう設計される。

$$\alpha = \frac{\Delta I_L}{I_L} \quad \cdots\cdots\cdots\cdots\cdots\cdots\cdots\cdots\cdots\cdots\cdots\cdots\cdots (2\text{-}12)$$

　直流電力変換回路では、入力電流 I_{in} ならびに負荷電流 I_{out} は完全な直流電流となることが理想である。しかし、チョッパ回路の各素子では直流電流成分に加えて、スイッチングに伴う高周波の交流電流も重畳する。降圧チョッパにおいては、Q と L がそれぞれ入力と出力に接続されるが、これらの素子の交流電流成分を除去し I_{in} と I_{out} を直流電流に近づけるために平滑コンデンサ C_{in} と C_{out} が用いられる。降圧チョッパにおける各部の電流波形のイメージを図 2-7 に示す。理想的には、i_Q ならびに i_L の

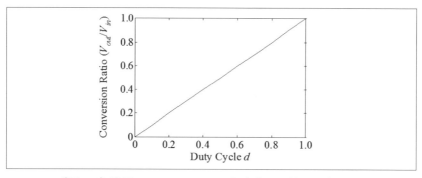

〔図 2-6〕降圧チョッパにおける入出力電圧比の d 依存性

交流電流成分が C_{in} と C_{out} にそれぞれ流れることで、I_{in} と I_{out} は直流電流となる。しかし、交流成分を完全に除去するためには大容量の平滑コンデンサが必要となる。特に、Q の電流 i_Q は不連続に変化するパルス状の波形であるため、交流成分除去のためには C_{in} の容量は大容量となってしまう。それに対して i_L は連続的に変化する三角波であるため、比較的低容量の C_{in} でリプル電流成分（交流成分）の除去が可能である。現実的には、用途や仕様に応じてある程度のリプルを許容したうえで平滑コンデンサの容量を決定する。具体的には、交流電流（リプル電流）により平滑コンデンサの端子電圧は変動する（リプル電圧が発生する）が、用途や仕様ならびにが V_{in} や V_{out} の基準値を加味し、ある程度の電圧変動を許容するよう平滑コンデンサの容量を決定する（例えば $V_{out} = 5$ V 対して 5% に相当する 250 mV の負荷電圧変動を許容するよう C_{out} を決定する）。

２．１．４．電流連続モードと電流不連続モード

図 2-4 で示した動作波形は、インダクタ電流 i_L が連続的に三角波状に変化する、電流連続モード（CCM: Continuous Conduction Mode）における動作波形である。CCM ではスイッチのオフ期間 T_{off} にダイオード電流 i_D が流れ、スイッチが再びターンオンするまで i_D は流れ続ける。し

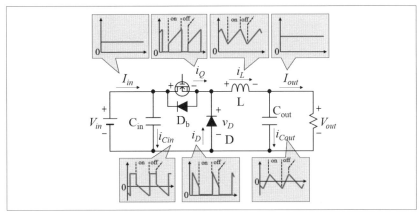

〔図 2-7〕降圧チョッパにおける各部の電流波形

かし、i_D がスイッチのターンオン以前に 0 に到達すると、i_L が連続的な三角波ではなく不連続状の波形となる電流不連続モード（DCM: Discontinuous Conduction Mode）での動作となる。

　式（2-4）に示したとおり、降圧チョッパのオフ期間 T_{off} において i_D と i_L は等しい。すなわち、i_D が 0 になるかどうかは、インダクタのリプル電流 ΔI_L と平均電流 I_L の関係で決定される。以下の式を満たすとき回路は DCM で動作する。

$$\frac{\Delta I_L}{2} > I_{out} \quad \cdots\cdots\cdots\cdots\cdots\cdots\cdots\cdots\cdots\cdots\cdots\cdots (2\text{-}13)$$

I_{out} が ΔI_L の半分よりも小さい場合、すなわち軽負荷時において DCM で動作する傾向がある。$I_{out} = V_{out}/R_L$ の関係と式（2-10）を式（2-13）に代入することで CCM と DCM の境界条件となる R_L の値が導かれる。

$$R_L > \frac{2LV_{out}}{(V_{in} - V_{out})\, dT_s} \quad \cdots\cdots\cdots\cdots\cdots\cdots\cdots\cdots\cdots (2\text{-}14)$$

この式より、R_L が大きくなる（すなわち軽負荷になる）ほど、また L の値が小さく T_s が大きいほど、DCM で動作しやすくなる。

　例として、図 2-8 に降圧チョッパの DCM での動作波形を示す。Q の

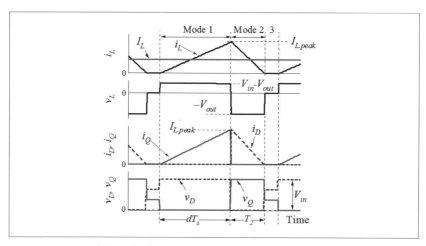

〔図 2-8〕降圧チョッパの DCM での動作波形

ターンオフとともに i_L と i_D は直線で低下し、Q が再びターンオンされる前に i_L と i_D は 0 に到達する。L には電流を流し続けようとする作用が働くものの、D には負の電流（逆方向）は流れることはできないため i_L と i_D は 0 となる。このとき、L の電圧 v_L も 0 となる。

各モードにおける v_L は、

$$v_L = \begin{cases} V_L - V_{out} & (Mode\ 1) \\ -V_{out} & (Mode\ 2) \\ 0 & (Mode\ 3) \end{cases} \quad \cdots\cdots\cdots\cdots\cdots\cdots\cdots\cdots\cdots (2\text{-}15)$$

i_L は Mode 1 の末期において最大となり、その時の電流 $I_{L.peak}$ は次式で表わせる。

$$I_{L.peak} = \frac{(V_{in} - V_{out})\,dT_s}{L} \quad \cdots\cdots\cdots\cdots\cdots\cdots\cdots\cdots (2\text{-}16)$$

Mode 2 で i_L は $-V_{out}/L$ の傾きで低下し、$i_L = 0$ となることで Mode 3 へと移行する。よって、Mode 2 の長さ T_2 は、

$$T_2 = \frac{I_{L.peak}L}{V_{out}} = \frac{(V_{in} - V_{out})\,dT_s}{V_{out}} \quad \cdots\cdots\cdots\cdots\cdots (2\text{-}17)$$

i_L の平均電流 I_L は、

$$I_L = \frac{1}{2}\frac{(dT_s + T_2)I_{L.peak}}{T_s} = \frac{V_{in}(V_{in} - V_{out})\,d^2 T_s}{2LV_{out}} \quad \cdots\cdots (2\text{-}18)$$

CCM では I_L は d に無依存であったが、DCM では d に依存する。V_{out} は $I_L R_L$ より求められる。

２．１．５．同期整流モード

図 2-1 で示した回路では、インダクタ電流 i_L の転流経路がダイオードであった。しかし、ダイオードには順方向電圧が存在し、一般的に順方向降下電圧に伴う導通損失は中～低電圧用途のチョッパ回路において最も支配的な損失要因となる。

還流ダイオード D をスイッチ Q_L に置き換えた同期整流方式を図 2-9 に示す。各スイッチと並列接続されているダイオードはボディダイオードである。同期整流方式では、ハイサイドスイッチ Q_H とローサイドスイッチ Q_L を相補的に駆動する。Q_L は還流ダイオードに置き換わる役割

を果たすため、主にソース-ドレイン方向に電流が流れる。

　同期整流方式では基本的にはダイオードの導通損失が発生しない。スイッチでの導通損失が発生するものの、一般的にはダイオードの導通損失よりも低損失であるため、チョッパ回路の高効率化に有効である。また、スイッチはダイオードとは異なり電流を双方向で流せるデバイスであるため、軽負荷時においてもチョッパ回路は DCM で動作せず、常に CCM で動作する。

　軽負荷時における同期整流降圧チョッパの動作波形を図2-10 に示す。還流ダイオードが存在しないため、i_L は不連続とならず負の方向にも振れることができる。i_L が負の期間は Q_H にはソースからドレインの方向に、Q_L にはドレインからソースの方向にそれぞれ電流が流れる（すな

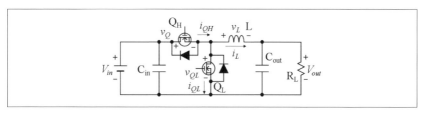

〔図2-9〕同期整流降圧チョッパ

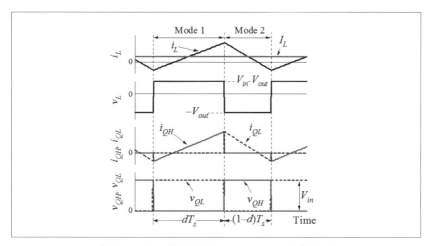

〔図2-10〕同期整流降圧チョッパの動作波形

わち i_{QH} および i_{QL} の値は負)。i_L の正負に拠らず v_L は 2.1.3.1 節で述べた CCM と同じ値となるため、入出力電圧変換比は図 2-6 で示したものと同じである。

　同期整流モードでは、Q_H と Q_L が同時にオンとならないよう適当なデッドタイムを挿入しつつスイッチを駆動する必要がある。デッドタイム期間中にはスイッチのボディダイオードが導通することで若干のダイオード導通損失を生じるため、損失低減の観点からは可能な限りデッドタイム期間を短くすることが望ましい。

2.2. インダクタを2つ用いたチョッパ回路
2.2.1. 回路構成

　2.1 節で述べたチョッパ回路と並び、汎用的に用いられるチョッパ回路として図2-11 に示す SEPIC（Single-Ended Primary Inductor Converter）、Zeta コンバータ、Ćuk コンバータ、Superbuck コンバータ、が知られている。いずれの回路もスイッチ Q とダイオード D に加えて、2つのインダクタ L_1 と L_2、ならびにコンデンサ C を有する。Q のデューティ操作により、SEPIC と Zeta コンバータは非反転の昇降圧チョッパとして

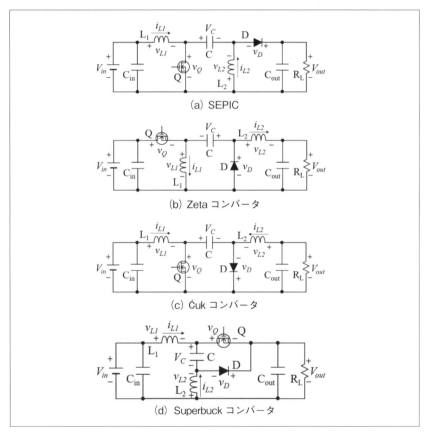

（a）SEPIC

（b）Zeta コンバータ

（c）Ćuk コンバータ

（d）Superbuck コンバータ

〔図2-11〕インダクタを2つ用いたチョッパ回路

動作し、Ćukコンバータは極性反転の昇降圧チョッパとして振る舞う。一方、Superbuckコンバータは非反転の降圧チョッパとして動作する。

２．２．２．特徴

　いずれの回路も２つのインダクタを有するが、動作時においてこれらには同一の電圧が印加され、インダクタンスが同じであれば電流リプルも同一となる。よって、２つのインダクタを１つの素子に一体化した結合インダクタ（カップルドインダクタ）を採用することができる。

　2.1節のチョッパ回路では、たとえ回路をオフした場合においてもMOSFETのボディダイオードが存在するため入出力が絶縁されず、入出力端子に電圧が生じてしまう。例えば、図2-1の降圧チョッパをバッテリ等の電圧源負荷に対して用いる場合、入力電圧源を取り除いたとしてもボディダイオードを介して電圧源負荷の電圧 V_{out} が入力端に発生する。同様に、図2-2の昇圧チョッパでは、回路オフ時においてもダイオードDを通じで負荷端には入力電圧 V_{in} が発生する。よって、これらのチョッパ回路は用途や必要に応じて、回路をオフするだけでなくスイッチやリレー等を追加して入出力端子を切り離す必要がある。それに対して、図2-11の回路ではコンデンサCの存在により入出力端子は直流絶縁されるため、回路オフ時において入出力端子は互いに干渉することなく切り離される。

　2.1節で述べた昇降圧チョッパ（図2-3）は入出力の電圧極性が必然的に反転するため、同一極性の出力電圧が要求される用途では使用できない。それに対して、SEPICとZetaコンバータは非反転の昇降圧チョッパであり、非反転の電力変換回路が必要とされる一般的な用途に適する。

　Ćukコンバータは図2-3の昇降圧チョッパと同様、極性反転型のチョッパであるが、入出力の両方にインダクタが直列に接続された構成であるため、入出力ともに低リプル電流特性となる。よって、図2-3の昇降圧チョッパと比較して、入出力平滑コンデンサの容量低減ならびに小型化に適する。

　Superbuckコンバータは図2-1の降圧チョッパと同様、極性非反転の降圧チョッパであるが、入出力ともに低リプル電流特性を示す。出力側にインダクタは接続されていないが、スイッチQとダイオードDが交

互に導通して出力電流を供給するため、低リプル電流出力特性となる。

2.1.4 節で述べた降圧チョッパの DCM と同様、これらのコンバータも軽負荷時においては DCM で動作する。また、D をスイッチに置き換えることで同期整流モードで動作させることもできる。

2.2.3. SEPIC の簡易動作解析

動作波形ならびに動作モードを図 2-12 と図 2-13 にそれぞれ示す。全ての素子は理想的であり、Q のオン抵抗や D の順方向降下電圧は無視する。また、C の容量は十分大きく、電圧変動はないものと仮定する。L_1 と L_2 のインダクタンスは等しい（$L_1 = L_2$）ものとする。

C のプラス側の端子は L_1 を介して入力電源 V_{in} に、C のマイナス側の端子は L_2 を介してグラウンドにそれぞれ接続されている。定常状態においてインダクタの平均電圧は 0 となるため、C の平均電圧 V_c は次式で与えられる。

$$V_c = V_{in} \quad \cdots\cdots\cdots (2\text{-}19)$$

SEPIC は Q の駆動状態に応じて、2 つのモードで動作する。

Mode 1：Q がターンオンし、D は非導通状態である。図 2-11 の通り、L_1 には Q を介して入力電圧 V_{in} が印加される一方、L_2 には Q を介して

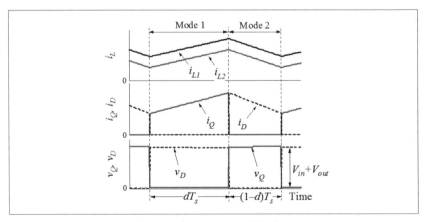

〔図 2-12〕SEPIC の動作波形

C により $V_C(= V_{in})$ が印加される。よって、Mode 1 における L_1 と L_2 の電圧ならびに電流変化率は、

$$\begin{cases} v_{L1} = V_{in} \\ v_{L2} = V_C = V_{in} \\ L_1 \dfrac{di_{L1}}{dt} = L_2 \dfrac{di_{L2}}{dt} = V_{in} > 0 \end{cases} \quad \cdots\cdots\cdots\cdots\cdots\cdots\cdots (2\text{-}20)$$

両方の L ともに正の電圧 V_{in} が印加されるため電流は直線的に増加し、エネルギーを蓄積する。2 つの L のインダクタンスが等しければ、電流変化率は等しくなる。本モードでは i_{L1} と i_{L2} ともに Q を介して流れるため、Q の電流は $i_Q = i_{L1} + i_{L2}$ である。D には V_C と V_{out} の和が掛かるため、D の電圧は $v_D = V_{in} + V_{out}$ である。

Mode 2：前モードにおいて Q を介して流れていた i_{L1} と i_{L2} は、Q のターンオフと同時に D に転流する。図 2-13 の電流経路より、各 L の印加電圧ならびに電流変化率は、

$$\begin{cases} v_{L1} = V_{in} - V_C - V_{out} = -V_{out} \\ v_{L2} = -V_{out} \\ L_1 \dfrac{di_{L1}}{dt} = L_2 \dfrac{di_{L2}}{dt} = -V_{out} < 0 \end{cases} \quad \cdots\cdots\cdots\cdots\cdots\cdots (2\text{-}21)$$

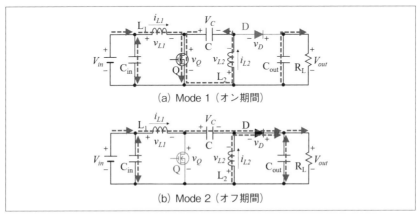

(a) Mode 1（オン期間）

(b) Mode 2（オフ期間）

〔図 2-13〕SEPIC の動作モード

L の印加電圧はともに負の値であるため、電流は直線的に低下しエネルギーが放出される。Q には V_C と V_{out} の和が掛かるため、Q の電圧は $v_Q = V_{in} + V_{out}$ である。Mode 2 では i_{L1} と i_{L2} は D を介して流れるため、D の電流は $i_D = i_{L1} + i_{L2}$ となる。

SEPIC における L の電圧は式（2-20）と式（2-21）で与えられ、これらの式から SEPIC の入出力電圧変換比が得られる。

$$T_{on} V_{in} + T_{off}(-V_{out}) = 0$$
$$\rightarrow V_{out} = \frac{d}{1-d} V_{in} \qquad (2\text{-}22)$$

図 2-14 に式（2-22）の入出力電圧変換比（V_{out}/V_{in}）の d 依存性を示す。$d < 0.5$ の領域では $V_{out}/V_{in} < 1$ となるため降圧動作、また $d > 0.5$ では $V_{out}/V_{in} > 1$ であり昇圧動作となる。よって、SEPIC は降圧と昇圧の両方に対応可能な昇降圧チョッパとして動作することが分かる。

2.2.4. Superbuck コンバータの簡易動作解析

Superbuck コンバータの動作波形ならびに動作モードを図 2-15 と図 2-16 にそれぞれ示す。全ての素子は理想的であり、Q のオン抵抗や D の順方向電圧は無視する。また、C の容量は十分大きく、電圧変動はないものとする。L_1 と L_2 のインダクタンスは等しい（$L_1 = L_2$）ものとする。

C のプラス側の端子は L_1 を介して入力電源 V_{in} に、マイナス側の端子は L_2 を介してグラウンドにそれぞれ接続されている。定常状態においてイン

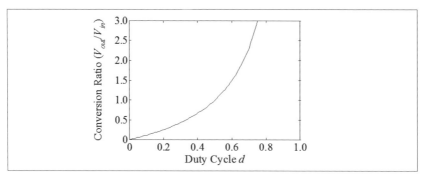

〔図 2-14〕SEPIC における入出力電圧比の d 依存性

ダクタの平均電圧は 0 となるため、C の平均電圧 V_C は次式で表される。

$$V_C = V_{in} \quad \text{..} \quad (2\text{-}23)$$

Mode 1：Q がターンオンし、2 つのインダクタ電流 i_{L1} と i_{L2} が Q を介して流れる。D は非導通状態である。図 2-16 の電流経路より、L_1 と L_2 の印加電圧ならびに電流変化率は、

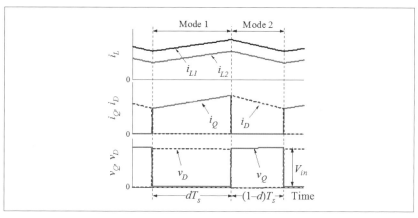

〔図 2-15〕Superbuck コンバータの動作波形

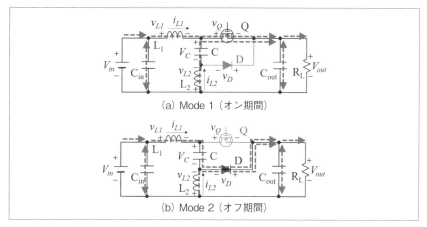

(a) Mode 1（オン期間）

(b) Mode 2（オフ期間）

〔図 2-16〕Superbuck コンバータの動作モード

$$\begin{cases} v_{L1} = V_{in} - V_{out} \\ v_{L2} = V_C - V_{out} = V_{in} - V_{out} \\ L_1 \dfrac{di_{L1}}{dt} = L_2 \dfrac{di_{L2}}{dt} = V_{in} - V_{out} > 0 \end{cases} \quad \cdots\cdots\cdots\cdots\cdots \text{(2-24)}$$

Superbuck コンバータは後に式で示すように降圧タイプのチョッパであるため、$V_{in} - V_{out}$ は正の値となる。よって、両方のLともに電流は直線的に増加し、エネルギーを蓄積する。2つのLのインダクタンスが等しければ、電流変化率は等しくなる。

　Mode 2：前モードにおいてQを介して流れていた i_{L1} と i_{L2} は、Qのターンオフと同時にDを流れ始める。図 2-16 の電流経路より、各インダクタの印加電圧ならびに電流変化率は、

$$\begin{cases} v_{L1} = V_{in} - V_C - V_{out} = - V_{out} \\ v_{L2} = - V_{out} \\ L_1 \dfrac{di_{L1}}{dt} = L_2 \dfrac{di_{L2}}{dt} = - V_{out} < 0 \end{cases} \quad \cdots\cdots\cdots\cdots\cdots \text{(2-25)}$$

Lの印加電圧はともに負であるため、電流は直線的に低下しエネルギーは放出される。

　Superbuck コンバータにおけるLの電圧は式（2-24）と式（2-25）で与えられ、これらの式より入出力電圧変換比が得られる。

$$T_{on}(V_{in} - V_{out}) + T_{off}(- V_{out}) = 0 \quad \cdots\cdots\cdots\cdots\cdots \text{(2-26)}$$
$$\to V_{out} = dV_{in}$$

この式は式（2-9）と同一であり、V_{out} は V_{in} よりも必ず低い値となることから、Superbuck コンバータは降圧チョッパとして動作する。また、入出力電圧変換比は図 2-6 と同じ特性で表される。

2.3. Hブリッジを用いた昇降圧チョッパ回路

2.3.1. 回路構成と特徴

　2.1節の図2-3で示した昇降圧チョッパは昇圧と降圧の両方に対応可能ではあるが、入出力電圧の極性が反転してしまうため用途が限定される。図2-11で示したSEPICやZetaコンバータは入出力電圧が同極性の非反転昇降圧チョッパであるが、2つのインダクタが必要となるため小型化には適さない。

　図2-17に示すHブリッジを用いた昇降圧チョッパは、入出力電圧の極性が同一となる非反転タイプのチョッパ回路である。スイッチとダイオードがそれぞれ2つずつ必要となるが、インダクタは1つのみであるためSEPICやZetaコンバータ等と比べて小型化に有利である。ダイオードをスイッチに置き換えることで双方向電力変換ならびに同期整流モードでの動作が可能である。

　スイッチの駆動方法に応じて、降圧モード、昇圧モード、昇降圧モード、のいずれかで動作させることができる。降圧モードではスイッチ Q_2 を常時オフとし、スイッチ Q_1 をPWMでスイッチングする。これにより、インダクタLにダイオード D_2 が常に直列接続された降圧チョッパとして振る舞う。昇圧モードでは Q_1 を常にオンとしつつ、Q_2 をPWMによりスイッチングする。D_1 は常時オフされ、Q_1 が常時Lと直列に接続された昇圧チョッパとして振る舞う。昇降圧モードでは Q_1 と Q_2 ともにスイッチングさせるが、スイッチ駆動信号（ゲート - ソース電圧）の生成のために単一のキャリア波を用いる同期駆動と、位相が180°ずれた2つの三角波キャリアを用いるインタリーブ駆動[2, 3]がある。同期駆動はキャリア波が1つのみであるため制御系を簡素化できる。イン

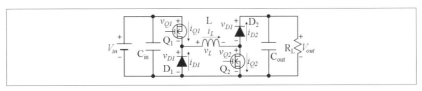

〔図2-17〕Hブリッジを用いた昇降圧チョッパ

タリーブ駆動では三角波キャリアが2つ必要なため制御系が複雑になるものの、同期駆動と比較してLの電流リプルの低減ならびにLの小型化を達成することができる。同期駆動とインタリーブ駆動時のLの電流リプルについて2.3.3節で比較を行う。

降圧モードと昇圧モードの動作原理については図2-1と図2-2の回路と同一であるため、本書では昇降圧モード（同期駆動とインタリーブ駆動）の動作原理についてのみ解説を行う。

2.3.2. 動作解析（同期駆動とインタリーブ駆動）

まず、Hブリッジ昇降圧チョッパの動作モードを図2-18に示す。同期駆動ではMode 1とMode 2のみを経て動作する。一方、インタリーブ駆動ではデューティ$d=0.5$を境に動作モードは変化する。

Mode 1ではQ_1とQ_2はともにオン状態であり、LにはV_{in}が印加され、Lの電流i_Lは増加しLはエネルギーを蓄積する。Mode 2ではQ_1とQ_2がオフとなる一方、D_1とD_2が導通する。Lの電圧は$-V_{out}$の負の値であり、i_Lは低下しLのエネルギーは負荷に向かって放出される。Mode 3はQ_1とD_2が導通し、Lの電圧は$V_{in}-V_{out}$となる。V_{in}とV_{out}の大小関係によってLがエネルギーを蓄積するか放出するか（i_Lが増加するか減少するか）が決まる。Mode 4ではQ_2とD_1が導通することでLは短絡される。よって、Lの電圧は0となるため、電流経路の抵抗成分が0であると仮定すると、Mode 4においてi_Lは一定値となる。

各動作モードにおけるLの電圧v_Lは下記の式で纏められる。

$$v_L = \begin{cases} V_{in} & (\textit{Mode 1}) \\ -V_{out} & (\textit{Mode 2}) \\ V_{in}-V_{out} & (\textit{Mode 3}) \\ 0 & (\textit{Mode 4}) \end{cases} \quad \cdots\cdots\cdots\cdots\cdots\cdots (2\text{-}27)$$

同期駆動における動作波形を図2-19に示す。Q_1とQ_2はともに、同一のキャリア波v_{tri}と指令値V_{ref}の比較より生成されたゲート駆動電圧v_{gs1}とv_{gs2}により駆動される。同期駆動モードでは、Mode 1とMode 2を経て動作する。キャリア波のpeak-to-peak電圧をV_{pp}、デューティを$d=V_{ref}/V_{pp}$と定義する。Mode 1とMode 2の長さはそれぞれdT_sと$(1-d)T_s$

である。定常状態においてLの平均電圧は0となるため、式（2-27）で与えられる v_L と各動作モードの長さより、同期駆動における入出力電圧変換比は次式のように求まる。

$$V_{out} = \frac{d}{1-d} V_{in}$$ ·· (2-28)

インタリーブ駆動の動作波形を図2-20に示す。インタリーブ駆動では2つの三角波キャリア（v_{tri1} と v_{tri2}）と指令値 V_{ref} から Q_1 と Q_2 のゲート駆動電圧 v_{gs1} と v_{gs2} を生成する。$d < 0.5$ では Mode 2、Mode 3、Mode 4

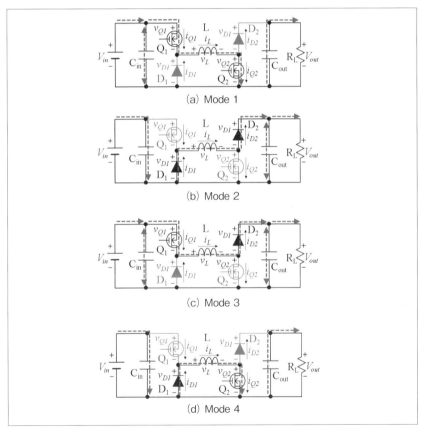

(a) Mode 1

(b) Mode 2

(c) Mode 3

(d) Mode 4

〔図2-18〕Hブリッジ昇降圧チョッパの動作モード

を経て動作する。それに対して、$d > 0.5$ では Mode 1、Mode 3、Mode 4 を繰り返す。$d = 0.5$ の場合は Mode 3 と Mode 4 のみの動作となる。

　$d = V_{ref}/V_{pp}$ の定義に基づくと、$d < 0.5$ の領域では Mode 3 と Mode 4 の長さは dT_s、Mode 2 の長さが $(0.5 - d)T_s$ となる。それに対して、$d > 0.5$ では Mode 1 の長さが $(d - 0.5)T_s$、Mode 3 と Mode 4 の長さは $(1 - d)T_s$ である。

　各動作モードの長さと式 (2-27) で与えられた v_L より、インタリーブ駆動における入出力電圧変換比が導出されるが、式 (2-28) と同一である。すなわち、H ブリッジ昇降圧チョッパの入出力電圧変換比は駆動方法によらず同一の式で表される。

2．3．3．インダクタのリプル電流

　本節では同期駆動とインタリーブ駆動時におけるインダクタのリプル電流 ΔI_L を比較する。ΔI_L は各動作モードの長さと v_L の積で決定される。同期駆動時の ΔI_L は、

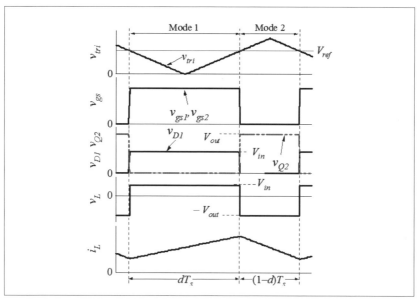

〔図 2-19〕H ブリッジ昇降圧チョッパの動作波形（同期モード）

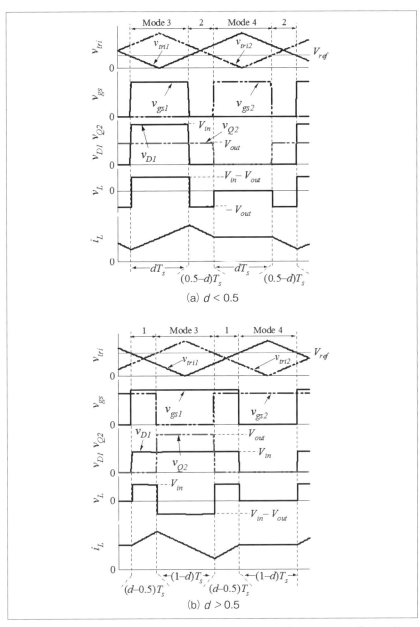

〔図 2-20〕H ブリッジ昇降圧チョッパの動作波形（インタリーブモード）

$$\Delta I_L = \frac{dV_{in}T_s}{L} \quad \cdots\cdots\cdots\cdots\cdots\cdots\cdots\cdots\cdots\cdots\cdots\cdots\cdots\cdots\cdots (2\text{-}29)$$

同様に、インタリーブ駆動時の ΔI_L は、

$$\Delta I_L = \begin{cases} \dfrac{d(1-2d)}{1-d}\dfrac{V_{in}T_s}{L} & (d < 0.5) \\[2mm] (2d-1)\dfrac{V_{in}T_s}{L} & (d > 0.5) \end{cases} \quad \cdots\cdots\cdots\cdots (2\text{-}30)$$

　これらの式で表されるリプル電流 ΔI_L を $V_{in}T_s/L$ で除した正規化リプル電流を図 2-21 に示す。全ての d の領域においてインタリーブ駆動時のリプル電流が低くなっている。すなわち、同じリプル電流に対してインタリーブ駆動の方がインダクタンスを小さく選ぶことができ、L を小型化できることを意味する。また、インタリーブ駆動では $d = 0.5$ では正規化リプル電流は 0 となる。$d = 0.5$ のとき Mode 3 と Mode 4 のみを経て動作するが、式（2-28）より $V_{in} = V_{out}$ であり、いずれの動作モードにおいても $v_L = 0$ となるためである（式（2-27）参照）。

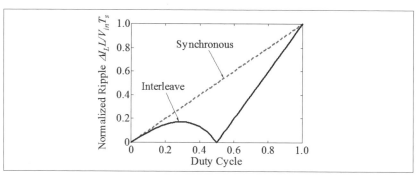

〔図 2-21〕H ブリッジを用いた昇降圧チョッパのインダクタ電流リプル

参考文献

1）J.G. Kassakian, M.F. Schlecht, and G.C. Verghese, Principle of Power Electronics、日刊工業新聞社、1997 年

2）I. Aharon, A. Kuperman, and D. Shmilovitz, "Analysis of dual-carrier modulator for bidirectional noninverting buck–boost converter," IEEE Trans. Power Electron., vol. 30, no. 2, pp. 840–848, Feb. 2015.

3）H. Xiao and S. Xie, "Interleaving double-switch buck–boost converter," IET Power Electron., vol. 5, no. 6, pp. 899–908, May 2012.

3

絶縁形
DC-DCコンバータ

第2章では電力変換回路の最も基礎的な構成である非絶縁形 DC-DC コンバータ（チョッパ回路）について述べた。本章では、直流電力変換回路にトランスを含めることで入出力端子を電気的に絶縁した絶縁形 DC-DC コンバータについて述べる。

3．1．フライバックコンバータ
3．1．1．回路構成
　フライバックコンバータの回路構成を図3-1に示す。ここで、トランスは励磁インダクタンス L_{mg} と理想トランスの組み合わせで描いている。フライバックコンバータでは L_{mg} の充放電動作を利用して電力変換を行うが、L_{mg} にエネルギーを蓄積させるために一般的にギャップ付きコアが用いられる。ギャップからの漏れ磁束によりトランスの漏洩インダクタンス L_{kg} が比較的大きくなる傾向があるため、詳細な動作解析のためには L_{kg}、ならびに L_{kg} により生じる電圧スパイクから回路を保護するためのスナバ回路の動作についても考慮する必要がある。本節では簡単のために L_{kg} は省略する。L_{kg} を考慮した動作については3.1.3節で述べる。

　フライバックコンバータは、非絶縁形コンバータである昇降圧チョッパにおけるインダクタ L をトランスに置き換えた回路と等価である。よって、フライバックコンバータの動作は昇降圧チョッパと酷似したものとなる。図3-2に示すように、昇降圧チョッパの L をトランスに置き換えつつ、スイッチとダイオードの位置を調整したものである。トランス2次巻線の極性が反転しているが、これは出力電圧の極性が反転して描かれないようにするためである（負荷の上側の端子が正、下側の端子が負となるよう描くため）。

3．1．2．動作解析
　フライバックコンバータ（L_{kg} とスナバ回路含まず）の動作波形ならび

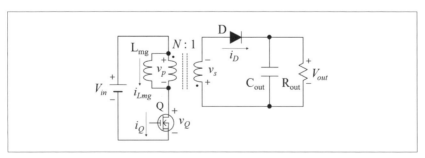

〔図3-1〕フライバックコンバータ（L_{kg} とスナバ回路含まず）

に動作モードを図 3-3 と図 3-4 にそれぞれ示す。全ての素子は理想的であるとし、Q のオン抵抗や D の順方向降下電圧は無視する。Q の駆動状態に応じて、2 つのモードで動作する。

Mode 1: Q がターンオンし、L_{mg} には入力電圧 V_{in} が印加される。スイッチ Q には L_{mg} の電流 i_{Lmg} と同一の電流が流れるため、Q の電圧 v_Q と電流 i_Q、ならび L_{mg} の電圧 v_{Lmg}（すなわち、1 次巻線電圧 v_p）と電流 i_{Lmg} は次式で与えられる。

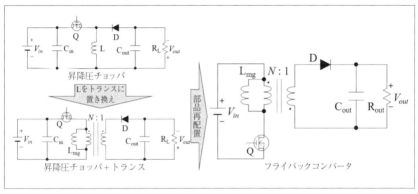

〔図 3-2〕昇降圧チョッパからフライバックコンバータの導出

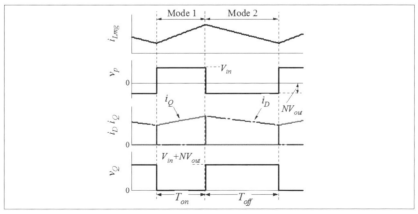

〔図 3-3〕フライバックコンバータ（L_{kg} とスナバ回路含まず）の動作波形

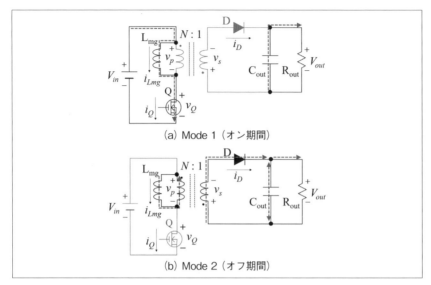

(a) Mode 1（オン期間）

(b) Mode 2（オフ期間）

〔図3-4〕フライバックコンバータの動作モード（L_{kg} とスナバ回路含まず）

$$\begin{cases} v_Q = 0 \\ i_Q = i_{mg} \end{cases} \quad\cdots\cdots\cdots\cdots\cdots\cdots\cdots\cdots\cdots\cdots\cdots\cdots\cdots\cdots\cdots\cdots\cdots \quad (3\text{-}1)$$

$$\begin{cases} v_{Lmg} = V_{in} \\ \dfrac{di_{Lmg}}{dt} = \dfrac{V_{in}}{L_{mg}} > 0 \end{cases} \quad\cdots\cdots\cdots\cdots\cdots\cdots\cdots\cdots\cdots\cdots\cdots\cdots\cdots \quad (3\text{-}2)$$

　このモードでは di_{Lmg}/dt は正であり、i_{Lmg} は直線的に増加し励磁インダクタンス L_{mg} にエネルギーが蓄積される（充電される）。

　トランス2次巻線では電圧 $v_s = NV_{in}$ が発生するが、ダイオードDが逆バイアスされるため電流は流れない。よって、Dの電圧 v_D と電流 i_D は次式で表される。

$$\begin{cases} v_D = NV_{in} + V_{out} \\ \quad i_D = 0 \end{cases} \quad\cdots\cdots\cdots\cdots\cdots\cdots\cdots\cdots\cdots\cdots\cdots\cdots\cdots \quad (3\text{-}3)$$

ここで、Nはトランス巻線比である。

　Mode 2: Qがターンオフし、L_{mg} がエネルギーの放出（放電）を開始する。トランスの1次と2次の巻線にはMode 1とは逆極性の電圧が発生し、

トランス2次側のDが導通を開始する。1次巻線にはi_{Lmg}が流れるが、これが2次側に伝送されDを介して負荷に向かって流れる。よって、DとL$_{mg}$の状態は次式で表される。

$$\begin{cases} v_D = 0 \\ i_D = N i_{Lmg} \end{cases} \quad \cdots\cdots\cdots\cdots\cdots\cdots\cdots\cdots\cdots\cdots\cdots\cdots\cdots \quad (3\text{-}4)$$

$$\begin{cases} v_{Lmg} = -NV_{out} \\ \dfrac{di_{Lmg}}{dt} = \dfrac{-NV_{out}}{L} < 0 \end{cases} \quad \cdots\cdots\cdots\cdots\cdots\cdots\cdots\cdots \quad (3\text{-}5)$$

一方、Qには電流は流れず、V_{in}に加えて1次巻線電圧v_pが印加される。よって、

$$\begin{cases} v_Q = V_{in} + NV_{out} \\ \quad i_Q = 0 \end{cases} \quad \cdots\cdots\cdots\cdots\cdots\cdots\cdots\cdots\cdots\cdots \quad (3\text{-}6)$$

Mode 1(オン期間)のデューティをdとする。式(3-2)と式(3-5)を用いてL$_{mg}$に対して電圧 - 時間積が0になることを当てはめると、次式の入出力電圧変換比が導き出される。

$$V_{out} = \frac{1}{N}\frac{d}{1-d}V_{in} \quad \cdots\cdots\cdots\cdots\cdots\cdots\cdots\cdots\cdots\cdots \quad (3\text{-}7)$$

この式は昇降圧チョッパの電圧変換比をトランス巻線比Nで除したものである。入出力の電圧が同極性であるが、これは3.1.1節で述べたとおり、出力電圧の極性が反転しないようトランス2次巻線の極性を図3-2のように反転させたためである。

3.1.3. スナバ回路を含めた動作解析

前節では簡単のため漏洩インダクタンスL$_{kg}$を無視して解析を行った。しかし、実際にはフライバックコンバータにおけるトランスはギャップからの漏れ磁束によりL$_{kg}$の値が大きくなるため、その影響を無視することはできない。図3-5にL$_{kg}$を含む場合における動作モードのイメージを示す。オン期間ではL$_{kg}$にはL$_{mg}$と同一の電流が流れるため、L$_{kg}$は充電されエネルギーを蓄積する。Qがオフすると、L$_{mg}$の蓄積エネルギーはトランスを介して2次側に伝送されるが、L$_{kg}$のエネルギーはQに向かって放出されることになる。この時、Qがdi_Q/dtの変化率でターン

オフされるとすると、L_{kg} の両端には $L_{kg} \times di_Q/dt$ の電圧が発生する。一
般的に、MOSFET は数 A/ns 程度以上の速度でターンオフされるため、
数百 nH ～ 数 μH の L_{kg} でも数百 V 以上のスパイク電圧を生じることに
なる。これにより、ターンオフ時に Q が破壊されてしまう。

　電圧スパイクからスイッチを保護するために、一般的にスナバ回路が
用いられる。フライバックコンバータでは図 3-6 に示す RCD スナバが
汎用的に用いられる。ターンオフ時に L_{kg} が放出するエネルギーをスナ
バダイオード D_{sn} 経由でスナバコンデンサ C_{sn} に蓄える。そして、この
エネルギーをスナバ抵抗 R_{sn} で消費する。L_{kg} の放出エネルギーを C_{sn} に
より吸収することで Q へのスパイク電圧発生を防止する。しかし、L_{kg}
の蓄積エネルギーは R_{sn} で熱として消費されるため、コンバータの電力
変換効率は必然的に悪化してしまう。RCD スナバの他に、L_{kg} のエネル

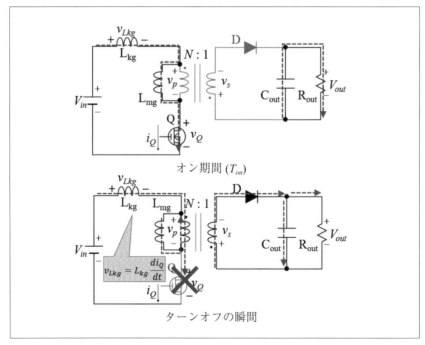

オン期間 (T_{on})

ターンオフの瞬間

〔図 3-5〕L_{kg} が発生させるスパイク電圧によるスイッチの破壊

ギーを電源 V_{in} に回生させるロスレススナバが多数提案されているが、本書では割愛する。

　図3-7と図3-8にRCDスナバを用いたフライバックコンバータの動作波形ならびに動作モードを示す。ここではRCDスナバ回路の動作を明確にするため、C_{sn} が L_{kg} のエネルギーを吸収する期間（Mode 2）が十分長くなるよう波形を描いているが、実際は非常に短時間で L_{kg} のエネルギー吸収は行われる。以下では、主にスナバ回路の動作に焦点を当てて説明する。

　Mode 1: Q がオンし、L_{kg} には L_{mg} と同一の電流が流れ、L_{kg} はエネル

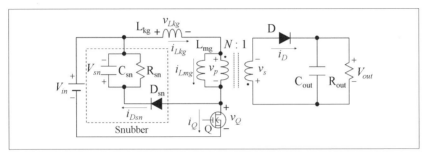

〔図 3-6〕RCD スナバを備えたフライバックコンバータ

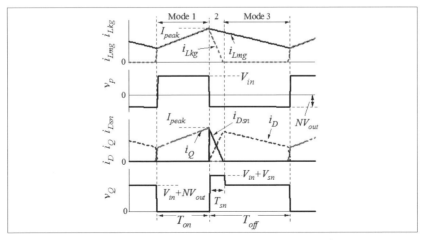

〔図 3-7〕フライバックコンバータ（L_{kg} とスナバ回路含む）の動作波形

ギーを蓄積する。Mode 1 の末期において L_{kg} の電流 i_{Lkg} は最大となり、その値を I_{peak} とする。

　Mode 2: Q がターンオフし、L_{kg} のエネルギーは D_{sn} を介して C_{sn} で吸収される。ここで、C_{sn} の電圧は V_{sn} で一定であると仮定すると、L_{kg} の電圧 v_{Lkg} ならびに Mode 2 における i_{Lkg} の時間変化は次式で表される。

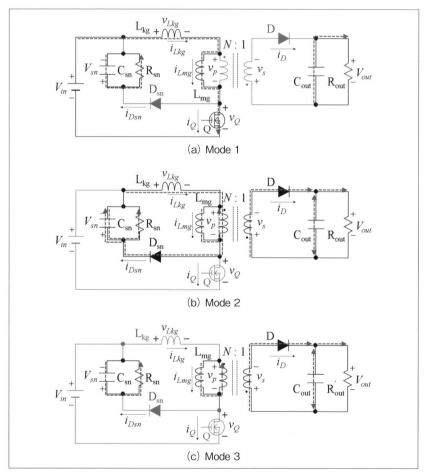

(a) Mode 1

(b) Mode 2

(c) Mode 3

〔図 3-8〕 フライバックコンバータの動作モード（L_{kg} とスナバ回路含む）

$$\begin{cases} v_{Lkg} = -V_{sn} - v_p = -V_{sn} + NV_{out} \\ i_{Lkg} = I_{peak} + \dfrac{-V_{sn} + NV_{out}}{L_{kg}}t \end{cases} \quad \cdots\cdots\cdots\cdots\cdots\cdots \quad (3\text{-}8)$$

Mode 2 の末期に $i_{Lkg} = 0$ となるため、これを式（3-8）に当てはめることで Mode 2 の長さ T_{sn} は次式のように導出される。

$$T_{sn} = \frac{L_{kg}\,I_{peak}}{V_{sn} - NV_{out}} \quad \cdots\cdots\cdots\cdots\cdots\cdots\cdots\cdots\cdots\cdots \quad (3\text{-}9)$$

D$_{sn}$ が導通している期間は、V_{in} と V_{sn} の和が Q に印加される。1 周期を通じて最も高い電圧ストレスが Q に加わるため、Q の耐圧は $V_{in} + V_{sn}$ よりも高くなるよう設計する必要がある。

Mode 3: i_{Lkg} は 0 となり、D$_{sn}$ は非導通となる。C$_{sn}$ に蓄積されたエネルギーは R$_{sn}$ で消費される。一方、Q にかかる電圧は、$V_{in} + NV_{out}$ であり、スナバ回路無しの場合におけるオフ期間（図 3-4 参照）と同様である。

i_{Dsn} は Mode 2（T_{sn} の期間）においてのみ流れる、底辺が T_{sn}、高さが I_{peak} の鋸波状の電流である。よって、D$_{sn}$ の平均電流 I_{Dsn} は I_{peak} と T_{sn} より次式で与えられる。

$$I_{Dsn} = \frac{I_{peak}\,T_{sn}}{2T_s} = \frac{L_{kg}\,I_{peak}^2}{2T_s(V_{sn} - NV_{out})} \quad \cdots\cdots\cdots\cdots\cdots \quad (3\text{-}10)$$

C$_{sn}$ の容量は十分大きく V_{sn} は一定であると仮定すると、V_{sn} は I_{Dsn} を用いて次式で与えられる。

$$V_{sn} = I_{Dsn}\,R_{sn} \quad \cdots\cdots\cdots\cdots\cdots\cdots\cdots\cdots\cdots\cdots\cdots\cdots \quad (3\text{-}11)$$

この式より、R_{sn} を小さな値に設定してやれば V_{sn} および Q の電圧ストレスを低くすることができる。しかし、R_{sn} を低くするとスナバ回路の損失が上昇しコンバータの効率が低下するため、R_{sn} の値は Q の耐圧とコンバータの効率を考慮して決定する必要がある。

3.2. フォワードコンバータ
3.2.1. 回路構成
　フォワードコンバータの回路構成を図 3-9 に示す。トランスは励磁イ
ンダクタンス L_{mg} と3巻線の理想トランスの組み合わせで描いている。
フライバックコンバータとは異なり、フォワードコンバータは励磁イン
ダクタンス L_{mg} へのエネルギー蓄積を電力変換に積極的に利用するもの
ではない。フォワードコンバータにおけるトランスの漏れ磁束ならびに
漏洩インダクタンス L_{kg} は小さいため、動作解析において L_{kg} の影響を
無視することができる。しかし、トランスへの電圧印加時に L_{mg} に蓄積
される若干の励磁エネルギーを周期毎にリセットするための補助回路が
必要である。
　フォワードコンバータは、非絶縁形コンバータである降圧チョッパに
トランスを導入しつつ、励磁エネルギーのリセット回路を加えたものと
等価である。図 3-10 に示すように、降圧チョッパにトランスを導入す
ることで、入出力を絶縁する。図 3-10 の降圧チョッパではスイッチ Q
とダイオード D_H が直列に接続されているが、2章で説明したように Q
には単方向の電流しか流れないため Q と D_H を直列接続しても動作とし
ては同一である。Q と D_H の間にトランスを挿入して入出力を絶縁する。
そして、Q の位置をグラウンド側に変更しつつ、励磁エネルギー回収用
の3次巻線とダイオード D_f を加えることでフォワードコンバータが導
出される。

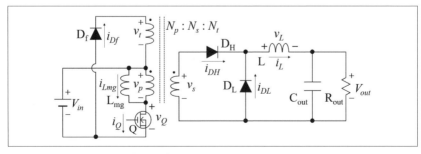

〔図 3-9〕フォワードコンバータ

3.2.2. 動作解析

フォワードコンバータの動作波形ならびに動作モードを図3-11と図3-12にそれぞれ示す。Qの駆動状態ならびにD_fの導通状態に応じて、3つのモードで動作する。

Mode 1: Qがターンオンし、トランス1次巻線に入力電圧V_{in}が印加される。Qの電圧v_Qと電流i_Q、ならびL_{mg}の電圧v_{Lmg}と電流i_{Lmg}は次式で与えられる。

$$\begin{cases} v_Q = 0 \\ i_Q = i_{Lmg} + \dfrac{N_s}{N_p} i_L \end{cases} \quad\cdots\cdots\cdots\cdots\cdots\cdots\cdots\cdots\cdots\cdots\cdots\cdots\cdots \text{(3-12)}$$

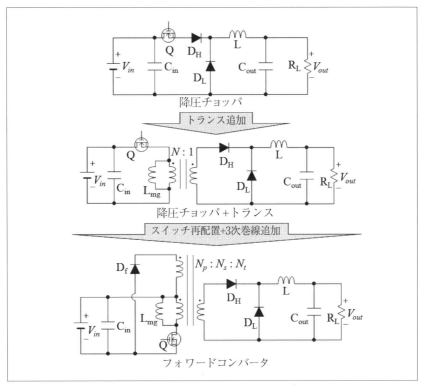

〔図3-10〕降圧チョッパからフォワードコンバータの導出

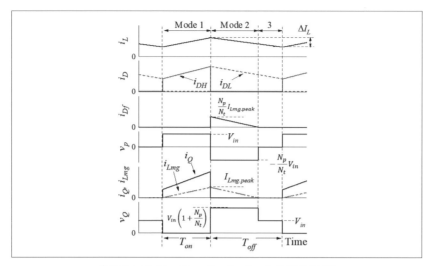

〔図3-11〕フォワードコンバータの動作波形

$$\begin{cases} v_{Lmg} = v_p = V_{in} \\ i_{Lmg} = \dfrac{V_{in}}{L_{mg}}t \end{cases} \quad\cdots\cdots\cdots\cdots\cdots\cdots\cdots\cdots\cdots\cdots\cdots\cdots (3\text{-}13)$$

ここで、v_p は1次巻線電圧である。i_{Lmg} は Mode 1 の末期にピーク値 $I_{Lmg.peak}$ をとる。

$$I_{Lmg.peak} = \frac{V_{in}\,dT_s}{L_{mg}} \quad\cdots\cdots\cdots\cdots\cdots\cdots\cdots\cdots\cdots\cdots\cdots\cdots (3\text{-}14)$$

ここで、d は Mode 1 のデューティである。一方、2次巻線に電圧 v_s が発生し D_H が導通を開始する。インダクタ L の電圧 v_L は、

$$v_L = v_s - V_{out} = \frac{N_s}{N_p}V_{in} - V_{out} \quad\cdots\cdots\cdots\cdots\cdots\cdots\cdots (3\text{-}15)$$

Mode 2: Q がターンオフするとともに、i_{Lmg} は3次巻線と D_f を介して電源に回収される。Q と L_{mg} の状態は次式で与えられる。

$$\begin{cases} v_Q = V_{in} - v_p = \left(1 + \dfrac{N_p}{N_t}\right)V_{in} \\ i_Q = 0 \end{cases} \quad\cdots\cdots\cdots\cdots\cdots\cdots (3\text{-}16)$$

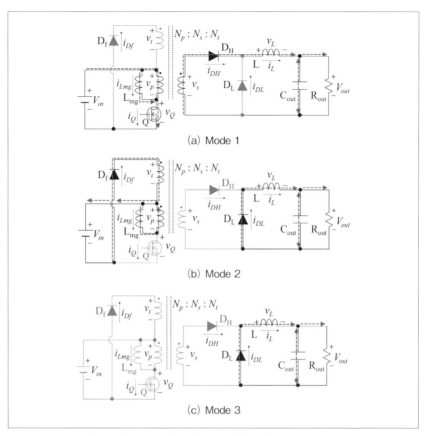

〔図 3-12〕フォワードコンバータの動作モード

$$
\left\{
\begin{aligned}
v_{Lmg} &= -\frac{N_p}{N_t}\frac{V_{in}}{L_{mg}} \\
i_{Lmg} &= I_{Lmg.peak} - \frac{N_p}{N_t}\frac{V_{in}}{L_{mg}}t
\end{aligned}
\right.
\quad\cdots\cdots\cdots\cdots\cdots\cdots\cdots\cdots\cdots\cdots\; (3\text{-}17)
$$

一方、2次側では D_L が導通を開始するため、v_L は次式となる。

$$
v_L = -V_{out} \quad\cdots\cdots\cdots\cdots\cdots\cdots\cdots\cdots\cdots\cdots\cdots\cdots\cdots\cdots\; (3\text{-}18)
$$

i_{Lmg} は低下し、0になると D_f は非導通状態となり次のモードへと移行する。

Mode 3: 1 次側と 3 次側では電流は流れず、トランスの巻線電圧も 0 となる。よって、$v_Q = V_{in}$ となる。2 次側では Mode 2 に引き続き i_L は D_L を介して流れ続ける。

Mode 1（オン期間）のデューティを d とし、式（3-15）と式（3-18）を用いて L に対して電圧 - 時間積が 0 になることを当てはめることで、フォワードコンバータの入出力電圧変換比が導き出される。

$$V_{out} = \frac{N_s}{N_p} d V_{in} \quad\text{……………………………………………} (3\text{-}19)$$

この式は降圧チョッパの電圧変換比にトランスの 1 次と 2 次の巻線比を乗じたものに相当する。すなわち、フォワードコンバータは降圧チョッパにトランスを挿入したものと等価であることを意味する。

i_{Lmg} がリセットされるためには、オフ期間 $T_{off} = (1-d)T_s$ 中に $i_{Lmg} = 0$ となる必要がある。よって、トランスのリセットのためには次式を満足する必要がある。

$$I_{Lmg.peak} - \frac{N_p}{N_t}\frac{V_{in}}{L_{mg}}(1-d)T_s \le 0 \;\rightarrow\; \frac{N_p}{N_t} \ge \frac{d}{1-d} \quad\text{………} (3\text{-}20)$$

この式を満足しない場合、L_{mg} に大きな直流電流が流れ続ける。直流電流成分の重畳により、動作時においてトランスのコアが飽和する恐れがある。

3.3. チョッパ回路を基礎とした他の絶縁形 DC-DC コンバータ

　本章ではこれまでに、絶縁形コンバータの代表としてフライバックコンバータならびにフォワードコンバータについて取り上げた。これらの絶縁形コンバータは、非絶縁形コンバータである昇降圧チョッパと降圧チョッパにトランスを導入したものと等価であることを示した。2章ではインダクタを2つ用いたチョッパ回路について述べたが、これらのチョッパ回路にもトランスを導入して絶縁形コンバータを導出することができる。

　例として、SEPIC、Zeta コンバータ、Ćuk コンバータを絶縁形コンバータへと変換した回路を図 3-13 に示す。SEPIC と Zeta コンバータはフライバックコンバータと同様、インダクタをトランスに置き換えつつ励磁インダクタンス L_{mg} の充放電を利用したものに相当する。一方、Ćuk コンバータのトランスはフォワードコンバータと同様、L_{mg} は積極的に利用せず、単に入出力の絶縁を目的としたものである。

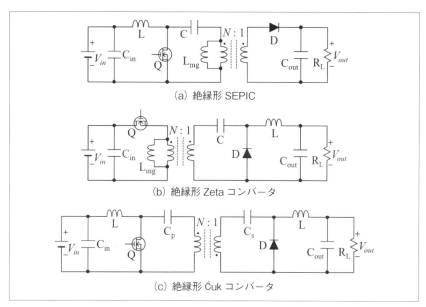

(a) 絶縁形 SEPIC

(b) 絶縁形 Zeta コンバータ

(c) 絶縁形 Ćuk コンバータ

〔図 3-13〕チョッパ回路を基礎とした絶縁形コンバータ

3.4. ブリッジ回路を用いた絶縁形 DC-DC コンバータ

　本章ではこれまでチョッパ回路を基礎とした絶縁形コンバータについて述べてきたが、本節以降ではブリッジ回路による矩形波電圧発生回路（インバータ）とダイオード整流回路の組み合わせにより構成される絶縁形コンバータについて取り扱う。

　図 3-14 に絶縁形コンバータの概念図を示す。矩形波電圧発生回路で生成する高周波の交流電圧をトランス 1 次巻線に与える。2 次側に伝送される交流電力は整流回路により直流に変換され、最終的に LC フィルタにより平滑される。1 次側回路と 2 次側回路の組み合わせにより呼称が変わり、以降の節では代表として 2 方式（ハーフブリッジセンタータップコンバータならびに非対称ハーフブリッジコンバータ）の動作について解説する。

　矩形波電圧発生回路（トランス含む）の例を図 3-15 に示す。フルブリッジインバータ回路では対角上のスイッチ（Q_{aH} と Q_{bL}、Q_{aL} と Q_{bH}）を同一のデューティで駆動することでトランス 1 次巻線に ±V_{in} の電圧を発生させる。図 3-15 の中では最も大きな電圧をトランスに与えることができ、大電力のコンバータに適した回路である。ハーフブリッジインバータ回路では分圧コンデンサ C_H と C_L により入力電圧を 1/2 に分圧し、Q_H と Q_L を交互に同一のデューティで駆動することでトランス 1 次巻線に ±V_{in}/2 の電圧を発生させる。フルブリッジ回路と比較してスイッチ数を半減できるが、トランスへの印加電圧は半分となる。非対称ハーフブリッジインバータではコンデンサの数を減らすことができる。しかし、テューディが 0.5 以外の動作においてトランスの励磁電流に直流電流成分が発生する直流偏磁が生じるため、コアが飽和しやすくなる。プッシ

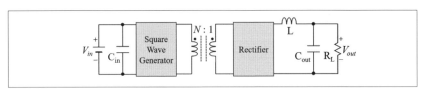

〔図 3-14〕絶縁形コンバータの概念図

ュプルインバータではセンタータップトランスを要するためトランスの構造が複雑になるものの、2つのスイッチともにグラウンドに接続されるためゲート駆動回路を簡素化することができる。

　整流回路（トランス含む）の例を図3-16に示す。これらの整流回路は、図3-15に示した矩形波電圧生成回路におけるスイッチをダイオードに置き換えたものに相当する。トランス2次巻線で発生する電圧が $\pm V_s$ と仮定すると、整流後の直流電圧はフルブリッジ整流回路（全波整流回路）とセンタータップ整流回路では V_s となる。一方、ダブラー回路では $2V_s$ となる。

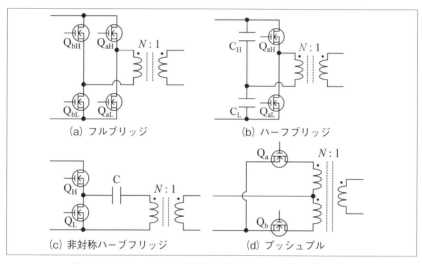

　　(a) フルブリッジ　　　　　　　　(b) ハーフブリッジ

　　(c) 非対称ハーブフリッジ　　　　(d) プッシュプル

〔図 3-15〕1 次側矩形波電圧発生（インバータ）回路

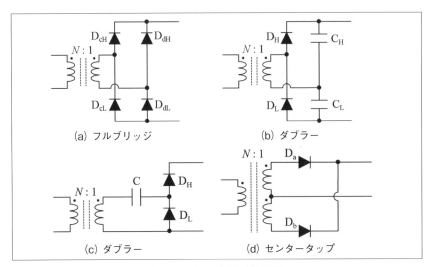

(a) フルブリッジ

(b) ダブラー

(c) ダブラー

(d) センタータップ

〔図 3-16〕2 次側整流回路

3.5. ハーフブリッジセンタータップコンバータ

3.5.1. 回路構成

　ハーフブリッジセンタータップコンバータの回路構成を図 3-17 に示す。名前の通り、ハーフブリッジインバータとセンタータップ整流回路を用いた絶縁形コンバータである。図中の 1 次側回路における a 点と b 点はトランスがインバータと接続されるノードであり、a-b 間の電圧 v_{ab} がトランス 1 次巻線に印加される電圧に相当する。

3.5.2. 動作解析

　ハーフブリッジセンタータップコンバータの動作波形ならびに動作モードを図 3-18 と図 3-19 にそれぞれ示す。$v_{gs.H}$ と $v_{gs.L}$ はそれぞれハイサイドスイッチ Q_H とローサイドスイッチ Q_L のゲート電圧である。ハーフブリッジインバータでは入力電圧 V_{in} が分圧コンデンサ C_H と C_L により 1/2 に分圧され、Q_H と Q_L を交互に同一のデューティ d で駆動することで ± $V_{in}/2$ の電圧が v_{ab} で発生する。おおまかに計 3 つモードを経て動作し、Mode 2 は両スイッチがともにオフとなるデッドタイム期間に相当する。

　Mode 1: Q_H がオンすることで C_H の電圧である $V_{in}/2$ がトランスに印加される（すなわち v_{ab} は $V_{in}/2$）。漏洩インダクタンス L_{kg} での電圧降下は十分小さいと仮定すると、2 次巻線には $V_{in}/2N$ が発生する。ダイオード D_a が導通するため、D_a の電流 i_{Da} とインダクタ L_{out} の電流 i_{Lout} は等しくなる。L_{out} に印加される電圧 v_{Lout} は次式となり、$v_{Lout} > 0$ であるため i_{Lout} は直線的に上昇する。

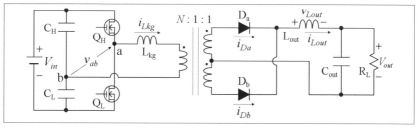

〔図 3-17〕ハーフブリッジセンタータップコンバータ

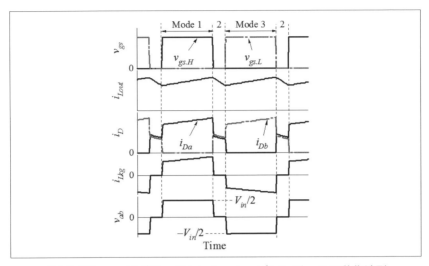

〔図3-18〕ハーフブリッジセンタータップコンバータの動作波形

$$v_{Lout} = \frac{V_{in}}{2N} - V_{out} > 0 \quad \cdots\cdots\cdots\cdots\cdots\cdots\cdots\cdots\cdots (3\text{-}21)$$

Mode 2: Q_H はターンオフされ、理論的には分圧コンデンサを除いてトランス1次側回路では電流は流れなくなる（実際には L_{kg} とスイッチの出力容量 C_{oss} との間で共振が発生する）。しかし、2次側回路における L_{out} は電流を流し続けようとし、2つのダイオードが同時に導通する「転流重なり」が生じる。このモードでは両ダイオードが導通し巻線電圧が0となるため、次式のように v_{Lout} は負の値となり i_{Lout} は直線的に低下する。

$$v_{Lout} = -V_{out} < 0 \quad \cdots\cdots\cdots\cdots\cdots\cdots\cdots\cdots\cdots (3\text{-}22)$$

Mode 3: Q_L がオンすることで C_L の電圧である $V_{in}/2$ がトランスに印加され、v_{ab} は $-V_{in}/2$ となる。2次側回路では D_b が導通するため、D_b の電流 i_{Db} と i_{Lout} は等しくなる。Mode 1 の場合と比べて導通するダイオードは異なるものの、Mode 3 における v_{Lout} は式（3-21）と同じである。Q をオフすることで動作は再び Mode 2 に移行する。

Mode 1 と Mode 3 のデューティを d とし、式（3-21）と式（3-22）を用

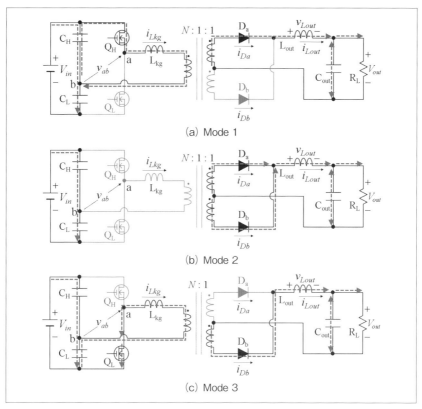

(a) Mode 1

(b) Mode 2

(c) Mode 3

〔図 3-19〕ハーフブリッジセンタータップコンバータの動作モード

いて L_{out} に対して電圧 - 時間積が 0 になることを当てはめると、ハーフ
ブリッジセンタータップコンバータの入出力電圧変換比が得られる。

$$V_{out} = \frac{1}{2N}dV_{in}$$ ·· (3-23)

分母に 2 が含まれており、これはハーフブリッジインバータにおける分
圧コンデンサにより入力電圧が 1/2 に分圧されることを意味する。仮に、
ハーフブリッジインバータの代わりに、入力電圧の分圧が行われないフ
ルブリッジインバータを用いると、分母の 2 は無くなり $V_{out} = dV_{in}/N$ と
なる。

3．6．非対称ハーフブリッジコンバータ
3．6．1．回路構成

　非対称ハーフブリッジコンバータを図 3-20 に示す。トランス 1 次側回路は非対称ハーフブリッジインバータ、2 次側回路はフルブリッジ整流回路である。1 次巻線に接続される C_{bk} はブロッキングコンデンサであり、静電容量は十分大きく電圧は一定値であるとする。ハイサイドスイッチ Q_H のデューティを d とすると、ノード a の平均電圧は dV_{in} である。漏洩インダクタンス L_{kg} と励磁インダクタンス L_{mg} を含むトランス巻線の平均電圧は定常状態において必ず 0 となるため、C_{bk} の電圧 V_{Cbk} は次式で与えられる。

$$V_{Cbk} = dV_{in} \quad \cdots\cdots\cdots\cdots\cdots\cdots\cdots\cdots\cdots\cdots\cdots\cdots\cdots\cdots\cdots\cdots \text{(3-24)}$$

　図中の 2 次側回路における点 c と点 d はトランスが整流回路と接続されるノードであり、c-d 間の電圧 v_{cd} がトランス 2 次巻線に発生する電圧に相当する。1 次巻線電圧とは、$v_p = Nv_{cd}$ の関係が成立する。

　非対称ハーフブリッジコンバータでは L_{mg} の電流 i_{Lmg} には直流成分が重畳する「直流偏磁」が発生する。直流偏磁のメカニズムについては次節で説明する。

3．6．2．動作解析

　ハーフブリッジコンバータの動作波形ならびに動作モードを図 3-21 と図 3-22 にそれぞれ示す。ここでは明確化のため、Mode 2 と 4 の転流

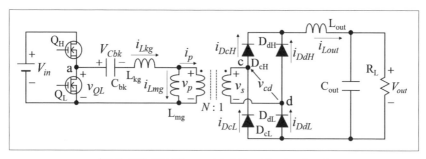

〔図 3-20〕非対称ハーフブリッジコンバータ

重なりの期間を長く描いているが、実際には Mode 1 や 3 よりも十分短い期間となる。

Mode 1: Q_H はオン状態であり、Q_L の電圧は $v_{QL} = V_{in}$ となる。C_{bk} は i_{Lkg} により充電され、本モードにおける v_p と v_s は、

$$\begin{cases} v_p = V_{in} - V_{Cbk} = (1-d)V_{in} \\ v_s = \dfrac{1}{N}(1-d)V_{in} \end{cases}$$ ……………………………… (3-25)

トランス2次側整流回路では D_{cH} と D_{dL} が導通し、L_{out} への印加電圧 v_{Lout} は、

$$v_{Lout} = \frac{1}{N}(1-d)V_{in} - V_{out}$$ ……………………………… (3-26)

Mode 1 において、各部の電流の関係は次式で与えられる。

$$i_p = i_{Lkg} - i_{Lmg} = \frac{1}{N}i_{Lout}$$ ……………………………… (3-27)

ここで、i_p はトランス1次巻線の電流である。

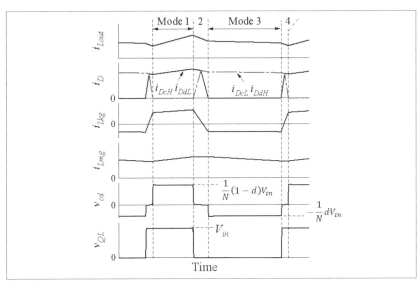

〔図 3-21〕非対称ハーフブリッジコンバータの動作波形

- 61 -

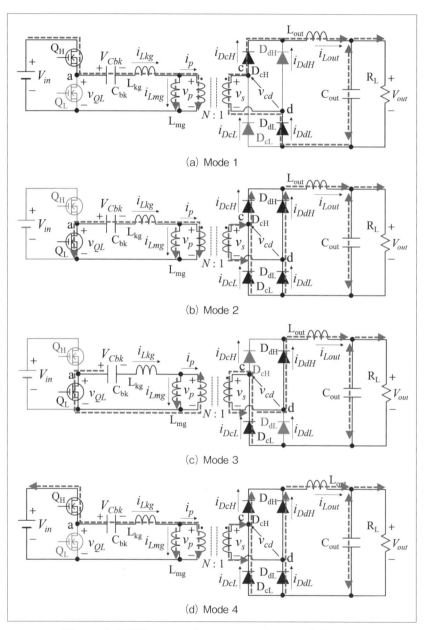

(a) Mode 1

(b) Mode 2

(c) Mode 3

(d) Mode 4

〔図 3-22〕非対称ハーフブリッジコンバータの動作モード

Mode 2: Q_H がターンオフし、i_{Lkg} が減少し始める。i_{Lkg} の傾きは L_{kg} のインダクタンス値により決定されるため、L_{kg} の値が小さければ本モードの長さも十分小さく無視することができる。一方、トランス2次側の L_{out} は一定電流を流し続けようとするため、式 (3-27) は成立しなくなる。

$$i_p = i_{Lkg} - i_{Lmg} \neq \frac{1}{N} i_{Lout} \quad \cdots\cdots\cdots\cdots\cdots\cdots\cdots\cdots \text{(3-28)}$$

しかし、L_{out} は電流を流し続けようとするため、2次側整流回路ではハイサイドとローサイドのダイオードが共にオンとなる転流重なりが起こる。これにより、トランスの巻線は短絡状態となるため、$v_p = v_s = 0$ となる。よって v_{Lout} は、

$$v_{Lout} = -V_{out} \quad \cdots\cdots\cdots\cdots\cdots\cdots\cdots\cdots\cdots\cdots\cdots \text{(3-29)}$$

Mode 3: D_{cH} と D_{dL} の電流が 0 となり、D_{cL} と D_{dH} のみが導通した状態となることで再び式 (3-27) が成立するようになる。C_{bk} が1次巻線に向かって放電を開始し、v_p と v_s は次式となる。

$$\begin{cases} v_p = -V_{Cbk} = -dV_{in} \\ v_s = -\frac{1}{N} dV_{in} \end{cases} \quad \cdots\cdots\cdots\cdots\cdots\cdots\cdots\cdots \text{(3-30)}$$

よって、v_{Lout} は、

$$v_{Lout} = \frac{1}{N} dV_{in} - V_{out} \quad \cdots\cdots\cdots\cdots\cdots\cdots\cdots\cdots \text{(3-31)}$$

Mode 4: Q_L はターンオフされ、i_{Lkg} は上昇を開始する。再び式 (3-27) は成立しなくなり、2次側整流回路では転流重なりが起こる。よって、v_{Lout} の電圧は式 (3-29) となる。

Mode 2 と Mode 4 の長さは Mode 1 と Mode 2 と比べて十分短く、無視できるものとする。L_{out} に対して式 (3-26) と式 (3-31) を用いて電圧時間積が 0 になる関係より、非対称ハーフブリッジコンバータの入出力電圧比が求まる。

$$V_{out} = \frac{2}{N} d(1-d) V_{in} \quad \cdots\cdots\cdots\cdots\cdots\cdots\cdots\cdots \text{(3-32)}$$

- 63 -

$N = 1.0$ における V_{out}/V_{in} の d 依存性を図 3-23 に示す。$d = 0.5$ において V_{out}/V_{in} は極大値の 0.5 となるため、$d \leq 0.5$、もしくは $d \geq 0.5$ の範囲で動作させる。

3.6.3. トランスの直流偏磁

前節で述べたように、L_{kg} の値が小さく i_{Lkg} の傾きが大きければ Mode 2 と 4 の転流重なりの期間は十分短く無視することができる。Mode 2 と 4 は十分短く無視できるものとし、Mode 1 と 3 における i_{Lkg} の値をそれぞれ I_A と $-I_B$ で近似する。また、i_{Lmg} と i_{Lout} のリプル成分は無視し、それぞれ I_{Lmg} と I_{Lout} の直流値で近似する。I_{Lmg} は L_{mg} の直流成分に相当する。

図 3-22 より、I_A と $-I_B$ は次式で表すことができる。

$$\begin{cases} I_A = I_{Lmg} + NI_{Lout} \\ -I_B = I_{Lmg} - NI_{Lout} \end{cases} \quad\cdots\cdots\cdots\cdots\cdots (3\text{-}33)$$

C_{bk} は Mode 1 では I_A で充電され、Mode 4 では I_B で放電される。定常状態においてコンデンサの充電電荷量と放電電荷量はバランスするため、

$$dI_A - (1 - d)I_B = 0 \quad\cdots\cdots\cdots\cdots\cdots (3\text{-}34)$$

式 (3-33) と式 (3-34) より、次式が得られる。

$$I_{Lmg} = N(1 - 2d)I_{Lout} \quad\cdots\cdots\cdots\cdots\cdots (3\text{-}35)$$

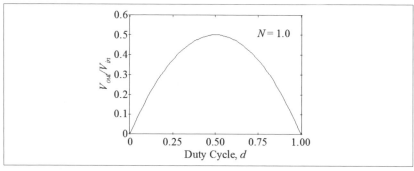

〔図 3-23〕非対称ハーフブリッジコンバータの入出力電圧比

この式より、d が 0.5 から離れるにつれ I_{Lmg} の絶対値は大きくなり、直流偏磁が発生する。他の絶縁形コンバータとは異なり、非対称ハーフブリッジコンバータでは直流偏磁によりトランスのコアが飽和しやすくなるため、コア選定やトランス設計の際には注意が必要である。

3.7. Dual Active Bridge (DAB) コンバータ
3.7.1. 回路構成

　前節までに述べてきた絶縁形コンバータは、トランス2次側回路はダイオード整流器で構成されているため、電力伝送の方向は単方向である。2.1.5節では、単方向の非絶縁形コンバータ（チョッパ回路）におけるダイオードをスイッチに置き換えることで電力の双方向化が可能であることを述べた。絶縁形コンバータでも同様に、ダイオード整流器におけるダイオードをスイッチに置き換えることで電力の双方向化が可能となる。

　前節までの絶縁形コンバータにおけるダイオードをスイッチに置き換え、トランスの1次側と2次側の両方にブリッジ回路を設けたものをDual Active Bridge（DAB）コンバータと呼ぶ。図3-24にフルブリッジ回路を用いたDABコンバータを示す。回路中のインダクタLはトランスの漏洩インダクタンスもしくは外付けインダクタである。1次側と2次側のブリッジ回路でそれぞれ v_{ab} と v_{cd} の矩形波電圧を生成し、これら2つの矩形波電圧の位相差 φ を操作することで電力伝送量と伝送方向を調節することができる。例えば、v_{ab} を進み位相とし、v_{cd} を遅れ位相とすることで V_{in} から V_{out} へと電力伝送が行われる。

　DABコンバータの等価回路を図3-25に示す。2つの矩形波電圧 v_{ab} と Nv_{cd} でインダクタLが挟まれた形となっている。電力伝送の方向は φ の極性により決まり、電力伝送量は v_{ab} と v_{cd} の振幅および φ で決定される。

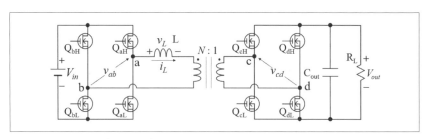

〔図 3-24〕Dual Active Bridge コンバータ

3.7.2. 動作解析

DAB コンバータでは一般的にスイッチの出力容量 C_{oss}（もしくはスイッチと並列に接続したスナバコンデンサ）とボディダイオードを利用して零電圧スイッチング（ZVS: Zero Voltage Switching）によるソフトスイッチング動作が行われる。本節では、簡易解析として、スイッチと等価的に並列接続される C_{oss} やボディダイオードの動作は考慮せず、電流変化および電力伝送量に着目する。ZVS 達成条件に付いては 4.2.4 節で述べる。

v_{ab} が進み位相であり V_{in} から V_{out} へと電力伝送を行う場合における DAB コンバータの動作波形ならびに動作モードを図 3-26 と図 3-27 にそ

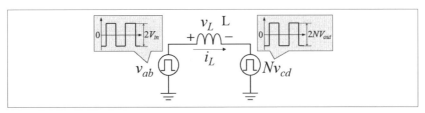

〔図 3-25〕Dual Active Bridge コンバータの等価回路

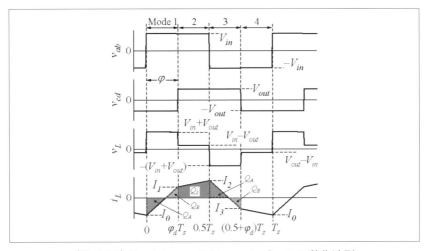

〔図 3-26〕Dual Active Bridge コンバータの動作波形
（V_{in} から V_{out} への電力伝送の場合）

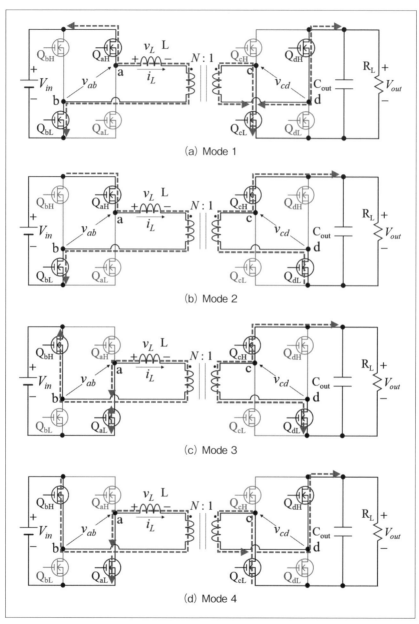

(a) Mode 1

(b) Mode 2

(c) Mode 3

(d) Mode 4

〔図 3-27〕Dual Active Bridge コンバータの動作モード

れぞれ示す。全てのスイッチのデューティは 0.5 であり、ハイサイドとローサイドのスイッチは相補的に駆動される。インダクタ L の印加電圧は $v_L = v_{ab} - Nv_{dc}$ で与えられ、v_L の値により回路中の電流変化率が決定される。ここで、位相差 $\varphi[°]$ を 360° で正規化したものを位相シフトデューティ φ_d として定義する。

$$\varphi_d = \frac{\varphi}{360} \quad\cdots\cdots\cdots\cdots\cdots\cdots\cdots\cdots\cdots\cdots\cdots\cdots\cdots (3\text{-}36)$$

Mode 1 $(0 \leq t < \varphi_d T_s)$: 1 次側回路では Q_{aH} と Q_{bL} がオン状態であり、$v_{ab} = V_{in}$ である。一方、2 次側では Q_{cL} と Q_{dH} がオンであるため、$v_{cd} = -V_{out}$ である。Mode 1 における i_L の初期値を I_0 とすると、

$$i_L = \frac{V_{in} + NV_{out}}{L} t + I_0 \quad\cdots\cdots\cdots\cdots\cdots\cdots\cdots\cdots\cdots (3\text{-}37)$$

Mode 1 の末期 $(t = \varphi_d T_s)$ での i_L の値 I_1 は次式で表される。

$$I_1 = \frac{V_{in} + NV_{out}}{L} \varphi_d T_s + I_0 \quad\cdots\cdots\cdots\cdots\cdots\cdots\cdots (3\text{-}38)$$

Mode 2 $(\varphi_d T_s \leq t < 0.5T_s)$: 1 次側回路におけるスイッチの状態は Mode 1 と同一である。2 次側回路では Q_{cH} と Q_{dL} がオンとなり、$v_{cd} = V_{out}$ となる。よって、

$$i_L = \frac{V_{in} - NV_{out}}{L} (t - \varphi_d T_s) + I_1 \quad\cdots\cdots\cdots\cdots\cdots (3\text{-}39)$$

この式より、i_L の傾きは $V_{in} > NV_{out}$ であれば正、$V_{in} < NV_{out}$ のときは負となることが分かる。Mode 2 の末期 $(t = 0.5T_s)$ での i_L の値 I_2 は次式となる。

$$I_2 = \frac{V_{in} - NV_{out}}{L} (0.5 - \varphi_d)T_s + I_1 \quad\cdots\cdots\cdots\cdots\cdots (3\text{-}40)$$

Mode 3 $[0.5T_s \leq t < (0.5 + \varphi_d)T_s]$: 1 次側回路では Q_{aL} と Q_{bH} がオン状態となり、$v_{ab} = -V_{in}$ となる。一方、2 次側回路の状態は Mode 2 と同一である。

$$i_L = \frac{-V_{in} - NV_{out}}{L} (t - 0.5T_s) + I_2 \quad\cdots\cdots\cdots\cdots\cdots (3\text{-}41)$$

Mode 3 の末期 $(t = (0.5 + \varphi_d)T_s)$ での i_L の値 I_3 は次式となる。

$$I_3 = \frac{-V_{in} - NV_{out}}{L}\varphi_d T_s + I_2 \quad\cdots\cdots\cdots\cdots\cdots (3\text{-}42)$$

Mode 4 [$(0.5 + \varphi_d)T_s \leq t < T_s$]: 1次側回路のスイッチの状態は Mode 3 と同じである。2次側回路では Q_{cL} と Q_{dH} がオンとなり、$v_{cd} = -V_{out}$ となる。

$$i_L = \frac{-V_{in} + NV_{out}}{L}\{t - (0.5 + \varphi_d)T_s\} + I_3 \quad\cdots\cdots (3\text{-}43)$$

この式は、i_L の傾きは $V_{in} > NV_{out}$ であれば負、$V_{in} < NV_{out}$ のときは正となることを意味している。Mode 4 の末期($t = T_s$)での i_L は再び I_0 となり、その値は次式で表される。

$$I_0 = \frac{-V_{in} + NV_{out}}{L}(0.5 - \varphi_d)T_s + I_3 \quad\cdots\cdots\cdots\cdots (3\text{-}44)$$

図 3-27 から分かるように、Mode 1〜2 と Mode 3〜4 は対称であるため、各モードの初期値には次の関係が成り立つ。

$$I_1 = -I_3 \quad I_2 = -I_0 \quad\cdots\cdots\cdots\cdots\cdots\cdots\cdots\cdots\cdots (3\text{-}45)$$

式 (3-38)、(3-40)、(3-45) より、

$$I_1 = \frac{V_{in}(4\varphi_d - 1) + NV_{out}}{4L}T_s \quad\cdots\cdots\cdots\cdots\cdots (3\text{-}46)$$

$$I_2 = \frac{V_{in} + NV_{out}(4\varphi_d - 1)}{4L}T_s \quad\cdots\cdots\cdots\cdots\cdots (3\text{-}47)$$

DAB コンバータでは動作の対称性が成立するため、以降では半周期分の動作のみに着目し解析を簡素化する。Mode 2 と Mode 3 の半周期の間で DAB コンバータを介して負荷 V_{out} へと伝送される電荷量は、図 3-26 に示す電荷量 $Q_2 + Q_A - Q_B$ に相当する。Q_2、Q_A、Q_B は式 (3-46) と式 (3-47) で与えられる I_1 と I_2 を用いて、

$$Q_2 = \frac{(I_1 + I_2)(0.5 - \varphi_d)}{2}T_s \quad\cdots\cdots\cdots\cdots\cdots (3\text{-}48)$$

$$Q_A = \frac{I_2^2}{2(I_1 + I_2)}\varphi_d T_s \quad\cdots\cdots\cdots\cdots\cdots (3\text{-}49)$$

$$Q_B = \frac{I_1^2}{2(I_1 + I_2)}\varphi_d T_s \qquad \text{(3-50)}$$

これらの電荷量を用いて、出力電流 I_{out} は、

$$I_{out} = \frac{Q_2 + Q_A - Q_B}{0.5T_s} = \frac{I_1 + I_2}{2} - 2I_1\varphi_d \qquad \text{(3-51)}$$

式 (3-51) に式 (3-46) と式 (3-47) を当てはめ、

$$I_{out} = \frac{V_{in} T_s \varphi_d(1 - 2\varphi_d)}{L} \qquad \text{(3-52)}$$

同様に、Mode 1 と Mode 2 の半周期の間で入力電源 V_{in} から DAB コンバータへと供給される電荷量は $Q_2 + Q_B - Q_A$ に相当するため、入力電流 I_{in} は、

$$I_{in} = \frac{Q_2 + Q_B - Q_A}{0.5T_s} = \frac{I_1 + I_2}{2} - 2I_2\varphi_d \qquad \text{(3-53)}$$

これに式 (3-46) と式 (3-47) を当てはめることで、

$$I_{in} = \frac{NV_{out} T_s \varphi_d(1 - 2\varphi_d)}{L} \qquad \text{(3-54)}$$

図 3-26 の電力伝送方向とは逆に、V_{out} から V_{in} へ電力伝送を行う際の動作波形を図 3-28 に示す。この場合、v_{cd} に対して v_{ab} が遅れ位相となる。

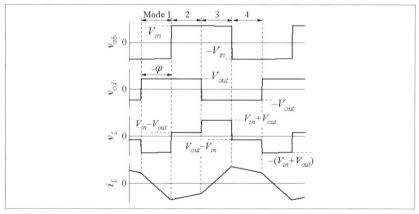

〔図 3-28〕DAB コンバータの動作波形（V_{out} から V_{in} への電力伝送の場合）

v_{ab} と v_{cd} の位相の関係は異なるものの、図 3-26 の場合と同様の方法で解析を行うことができる。図 3-28 から導出した I_{out} と式（3-52）は次式でまとめられる。

$$I_{out} = \frac{V_{in} T_s \varphi_d |1 - 2\varphi_d|}{L} \quad \cdots\cdots\cdots\cdots\cdots\cdots\cdots\cdots\cdots\cdots\cdots \text{(3-55)}$$

式（3-55）で表される I_{out} と φ_d の関係を図 3-29 に示す。ここでは、I_{out} を $V_{in} T_s / L$ で除することで正規化している。φ_d が正の領域では I_{out} は正、すなわち V_{in} から V_{out} へと電力伝送が行われる。一方、φ_d が負の領域では I_{out} の極性は反転し、電力伝送は V_{out} から V_{in} の方向となる。$\varphi_d = \pm 0.25$、すなわち位相差が $\pm 90°$ で I_{out} はピークとなり、それ以上位相をずらしても伝送電力は大きくならない。一般的には $-0.25 \leq \varphi_d \leq 0.25$ の範囲で動作させる。

$-0.25 \leq \varphi_d \leq 0.25$ の範囲では φ_d の絶対値（$|\varphi_d|$）と共に伝送電力は大きくなる。しかし、$|\varphi_d|$ の増加と共に循環電流に伴う無効電力が増加することで回路における損失が増加する。具体的には、図 3-26 の Mode 1 において i_L が負の期間は DAB コンバータから電源に i_L が戻ってくる状態（循環電流）であり、これは無効電力となり損失の要因となる。Mode 3 で i_L が正となる期間も同様である。これらの期間において、Q_A で表わされる電荷量は電源側に戻ってくる。これを低減するためには相対的に Mode 2 の期間を長くしつつ、Mode 1 を短くする必要があり、そのため

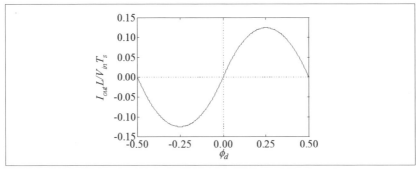

〔図 3-29〕DAB コンバータにおける I_{out} と φ_d の関係

には $|\varphi_d|$ を低い値に抑える必要がある。式（3-55）より、L の値を小さく選ぶことで低い $|\varphi_d|$ での伝送電力を大きくすることができる。しかしその場合、図 3-29 の通り、狭い φ_d の範囲で軽負荷から重負荷までをカバーする必要性があるため、制御性の悪化につながる傾向がある。

３.７.３. 零電圧スイッチング（ZVS）領域

DAB コンバータでは、各スイッチングレグのデッドタイム期間に、i_L により各スイッチの出力容量 C_{oss} を充放電することで零電圧スイッチング（ZVS: Zero Voltage Switching）によるソフトスイッチングを達成することができる。ZVS を達成するためには、各スイッチがターンオフされる直前においてドレインからソースの方向に電流が流れている必要がある（ZVS の詳細については 4.2.4 章参照）。

3.7.2. 節で Mode 1〜4 の末期における i_L の電流値 I_0〜I_3 を求めた。Mode 1〜2 と Mode 3〜4 は対称であり、式（3-45）の関係が成立するため、ZVS を達成するためには次式の条件を満たせばよい。

$$\begin{cases} I_1 > 0 \\ I_2 > 0 \end{cases} \quad\text{...}\quad (3\text{-}56)$$

式（3-38）と式（3-40）を式（3-56）に代入することで、次式で表される ZVS 領域が導出される。

$$M = \frac{NV_{out}}{V_{in}} = \begin{cases} 1 - 4\varphi_d \\ \dfrac{1}{1 - 4\varphi_d} \end{cases} \quad\text{....................................}\quad (3\text{-}57)$$

ここで、M はトランス巻線比 N で正規化した入出力電圧比である。

式（3-57）の ZVS 領域を図 3-30 に示す。φ_d が大きくなるとともに ZVS 領域は拡大する。M が 1.0 から離れるにしたがい、ZVS を達成するには φ_d を大きくとる必要性がある。しかし、前節で述べたように φ_d を大きくとると無効電力とともに損失が増大してしまう。よって、DAB コンバータが高効率かつ広い範囲で ZVS を達成するためには、可能な限り $M = 1.0$ となるようトランス巻線比 N を決定すべきである

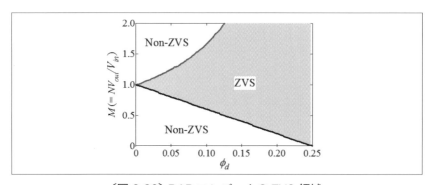

〔図 3-30〕DAB コンバータの ZVS 領域

4

コンバータにおける
各種の損失

電力変換回路おける効率向上は、パワーエレクトロニクス分野におい
て永遠の課題である。本章では、電力変換回路における損失を、電流の
2乗に比例する損失（ジュール損失）、電流に比例する損失、電流に無依
存の損失、の主に3つに分類し、各々の詳細について述べる。

4．1．電流の２乗に比例する損失（ジュール損失）

電流の２乗に比例する損失、すなわち I^2R はいわゆるジュール損失であり、電流が大きくなる重負荷領域において支配的となる要素である。あらゆる素子は抵抗成分を有するため、全ての素子においてジュール損失は発生する。

4．1．1．MOSFET のオン抵抗

MOSFET は導通時において抵抗性を示す半導体スイッチである。オン抵抗 R_{on} は一般的に耐圧の 2.4～2.6 乗に比例するため、MOSFET におけるジュール損失を低減するためには許される範囲で低耐圧素子を用いることが効果的である。しかし、チョッパ回路等ではスイッチングに伴いスイッチやダイオードの電流が急激に変化し、回路中の寄生インダクタンスに起因してターンオフ時にドレイン - ソース間にスパイク電圧が発生する。一般的に、理論電圧ストレスの３倍程度の耐圧を有する素子を選定する必要がある。それに対して、6 章で述べるソフトスイッチングで動作する共振形コンバータ等では、スイッチング時における電流変化率を抑えることでスパイクを大幅に抑制もしくは除去できる。これにより素子の耐圧余裕を抑え、低オン抵抗の素子を採用することができる。

MOSFET は耐圧を上げるとオン抵抗が上昇し損失が大きくなるため、一般的な Si-MOSFET では 300 V 以下のデバイスが主流である。それ以上の高電圧領域では、後述の IGBT の方が低損失化には優位である。

4．1．2．コンデンサの等価直列抵抗

コンデンサにおける抵抗成分は等価直列抵抗（ESR: Equivalent Series Resistance）と呼ばれ、ESR でのジュール損失は電力変換回路で無視できない要素である。あらゆる電力変換回路では入力平滑コンデンサと出力平滑コンデンサが用いられる。これらの平滑コンデンサは入出力端子における電流リプルを吸収し入出力電圧を平滑化するために用いられるが、電流リプルの大きさによって ESR で発生するジュール損失は大きく異なる。例えば降圧チョッパでは図 2-7 に示したように、出力平滑コンデンサ C_{out} はインダクタ L の電流リプル成分のみを吸収するため、流れる電流は比較的小さく ESR でのジュール損失も小さい。しかし、入

力平滑コンデンサ C_{in} はスイッチングに伴いパルス状で変化する電流を吸収する必要があるため、大きなリプル電流によりジュール損失も大きくなる傾向にある。

　入出力平滑コンデンサの他に、SEPIC 等において入出力の直流絶縁を担うコンデンサや、絶縁形コンバータにおけるブロッキングコンデンサ等が電力変換回路で用いられる。リプル電流吸収用の入出力平滑コンデンサとは異なり、これらにはインダクタやスイッチの電流と同等以上の大きな電流が流れるため、低 ESR の素子（積層セラミックコンデンサやフィルムコンデンサ等）を用いることが望ましい。

　また、コンデンサの充放電を行う場合、電圧源を用いるか電流源を用いるかによってコンデンサで生じる損失が大きく異なる。例として、電圧源 V_a および電流源 I_a を用いてコンデンサ C を V_a の電圧まで充電する際（図 4-1 (a) と (b) に示す系）の電圧 v_c と電流 i_c を図 4-1 (c) と (d) にそれぞれ示す。電圧源 V_a を C と接続する場合、i_c は突入電流状となり指数関数的に減衰する。この時の減衰の速度は C の静電容量と ESR の積で表される時定数 τ (= $C \times ESR$) で決定される。C を 0 から V_a の電圧まで充電するために定電圧源から供給されるエネルギー E_{CV} は次式となる。

$$E_{CV} = V_a \int_0^T i_c dt = V_a Q = C V_a^2 \quad \cdots\cdots\cdots\cdots\cdots\cdots\cdots \quad (4\text{-}1)$$

ここで、Q は C を V_a まで充電した際の充電電荷量である。電圧 V_a まで充電された際の C のエネルギーは $C V_a^2/2$ であるため、充電に要するエネルギー E_{CV} のちょうど半分が ESR で失われることになる。また、式 (4-1) は ESR を含まない。これは、充電時の損失は ESR の値には依存せず、静電容量 C と充電電圧 V_a のみで決定されることを意味する（ESR は τ に影響するため、ESR が低いほど C は速く充電される）。

　それに対して、電流源 I_a を C と接続する場合、v_c は直線的に増加する。C を 0 から V_a まで充電するために定電流源から供給されるエネルギー E_{CC} は、次式で表される。

$$E_{CC} = I_a \int_0^T v_c dt = I_a \int_0^T \frac{I_a t}{C} dt = \frac{Q^2}{2C} = \frac{1}{2} C V_a^2 \quad \cdots\cdots\cdots \quad (4\text{-}2)$$

式 (4-1) の電圧源 V_a で充電を行う場合 (E_{CV}) と比較して充電に要するエネルギー E_{CC} は半分であり、理想的には無損失で C を充電することができる。実際には ESR でのジュール損失が生じるが、電圧源を用いて充電する場合と比較して損失は大幅に低減される。

チョッパ回路や絶縁形コンバータ、共振形コンバータ等におけるコンデンサは、ほとんどの場合においてインダクタを経由して流れてくる電流により充放電が行われる。インダクタは電流源と見なせるため、これらのコンデンサは電流源により充放電されることに相当する。よって、定常状態ではコンデンサに突入電流は流れず、損失は比較的小さく抑えられる。それに対して、7章で述べるスイッチトキャパシタコンバータでは、コンデンサ同士をスイッチングにより並列接続し、相互に充放電させることで電力変換を行う。コンデンサは電圧源と見なせるため、式 (4-1) と同様にコンデンサの初期電圧の差 ΔV の 2 乗に比例する損失が生じる。

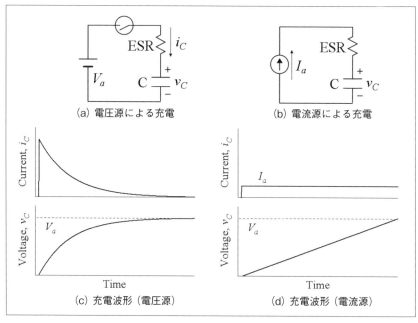

〔図 4-1〕コンデンサ充電方法と充電時の波形

よって、並列接続するコンデンサ同士の ΔV が大きくならないよう動作条件や静電容量を決定することが損失低減の観点からは望ましい。

4.1.3. トランスやインダクタにおける銅損

インダクタやトランスでは巻線におけるジュール損失（銅損）が発生する。共振形コンバータにおける共振インダクタやトランス巻線には、スイッチングに伴い高周波の交流電流が流れるため、表皮効果により巻線の抵抗値が上昇する。表皮効果抑制のためには、複数本の細い素線を撚り合わせたリッツ線が有効である。しかし、高周波においては近接効果による抵抗値上昇の影響も大きく、高周波トランスや共振用インダクタの設計時には考慮が必要である。それに対して、チョッパ回路におけるインダクタでは主に直流電流が流れる。スイッチングに伴う交流成分（リプル電流）も重畳するが、直流成分と比較すると小さいため、表皮効果や近接効果の影響は小さい。よって、巻線抵抗の低減のためには、巻線の占有率の高い平角線等の銅線が用いられる。

例として、インダクタンスが $1.2\ \mu\mathrm{H}$ の素子（SRP7050TA-1R2M、Bourns）のインピーダンス Z と抵抗成分 R の周波数特性を図 4-2 に示す。データシートで示されている直流時の R は $6.7\ \mathrm{m\Omega}$ であるが、$100\ \mathrm{kHz}$ ではおよそ $20\ \mathrm{m\Omega}$、$1\ \mathrm{MHz}$ では $118\ \mathrm{m\Omega}$ にまで上昇する。

別の例として、トランス巻線抵抗の周波数特性を図 4-3 に示す。リッ

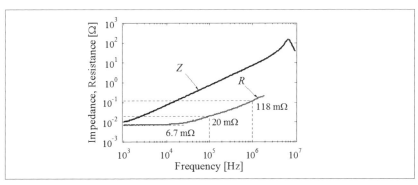

〔図 4-2〕インダクタ（SRP7050TA-1R2M、Bourns）のインピーダンスと抵抗成分の周波数特性

ツ線単体の場合、近接効果は生じないため、高周波域においても抵抗値は低い。リッツ線をボビンに巻き付けることで隣接する線間で近接効果が生じ、抵抗値が上昇する。コアを用いると、コアからの漏れ磁束によって近接効果がより強く生じ、抵抗値は更に上昇する[1]。

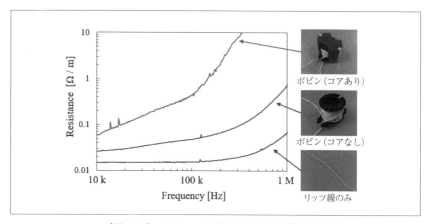

〔図4-3〕トランス巻線抵抗の周波数特性

４．２．電流に比例する損失

電流に比例する損失は半導体スイッチの導通に起因したものであり、IGBTやダイオードの導通損失が該当する。また、MOSFETを含む半導体スイッチのスイッチング損失も電流に比例する損失に当てはまる。

４．２．１．IGBTにおける導通損失

抵抗特性を示すMOSFETとは異なり、IGBTは導通時においてコレクタ-エミッタ間に一定の飽和電圧V_{CE}分の損失が生じる。よって、その導通損失は$I \times V_{CE}$で決定される。

４．２．２．ダイオードの順方向降下電圧による導通損失

ダイオード導通時には順方向降下電圧V_fが生じ、$I \times V_f$の導通損失が生じる。V_fの値はデバイスの種類、耐圧や電流定格によって大きく異なり、おおよそ0.3～2.0V程度である。ショットキバリアダイオードではV_fの値は0.3～0.5V程度の低い値であり導通損失を低減可能であるものの、耐圧が200V程度以下と低い。反対に、高耐圧のダイオードはV_fも高くなる傾向があるため、同じ電流あたりの導通損失は大きくなる。

ダイオードの導通損失は電力変換回路において大きな損失割合を占める。特に低電圧用途のコンバータにおいては低い入出力電圧に対してV_fの占める割合が大きいため、ダイオードの導通損失は最も支配的な損失要因となる。ダイオードの導通損失低減のためには、ダイオードをスイッチに置き換える同期整流方式の採用が効果的である。

４．２．３．スイッチング損失

理想スイッチでは、ターンオンならびにターンオフ時に瞬時に電流や電圧が変化し、損失は発生しない。しかし、実際にはスイッチの電流と電圧は傾きをもって変化し、過渡応答の際にスイッチング損失が発生する。

図4-4にターンオンならびにターンオフ時における電圧と電流波形ならびにスイッチでの消費電力を示す。ここで、電圧v_Qと電流i_Qは直線的に変化し、それぞれの過渡変化に要する時間（ターンオン時間ΔT_{on}、ターンオフ時間ΔT_{off}）は同一である仮定する。また、簡単のため、オン時のv_Qは0、オフ時のi_Qは0であるものとする。ターンオンの過渡期

間における v_Q と i_Q は次式で与えられる。

$$\begin{cases} v_Q = V_{off} - \dfrac{V_{off}}{\Delta T_{on}}t \\ i_Q = \dfrac{I_{on}}{\Delta T_{on}}t \end{cases} \quad\cdots\cdots\cdots\cdots\cdots\cdots\cdots\cdots\cdots\cdots\cdots \text{(4-3)}$$

ここで、V_{off} はスイッチが完全にオフされたときの電圧、I_{on} はスイッチが完全にオンされたときの電流である。ターンオン損失 $P_{turn.on}$ は次式で表される。

$$P_{turn.on} = \frac{1}{T_s}\int_0^{\Delta T_{on}} v_Q i_Q\, dt = \frac{V_{off}\, I_{on}\, \Delta T_{on}}{6}f_s \quad\cdots\cdots\cdots \text{(4-4)}$$

ここで、T_s はスイッチング周期である。

　同様に、ターンオフ時における v_Q と i_Q は、

$$\begin{cases} v_Q = \dfrac{V_{off}}{\Delta T_{off}}t \\ i_Q = I_{on} - \dfrac{I_{on}}{\Delta T_{off}}t \end{cases} \quad\cdots\cdots\cdots\cdots\cdots\cdots\cdots\cdots\cdots\cdots\cdots\cdots \text{(4-5)}$$

ターンオフ損失 $P_{turn.off}$ は、

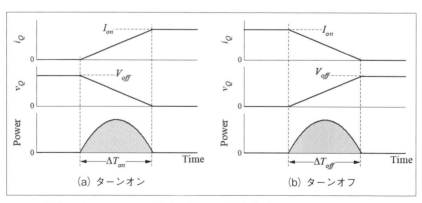

〔図 4-4〕スイッチング時の電圧、電流波形とスイッチング損失

$$P_{turn.off} = \frac{1}{T_s} \int_0^{T_{off}} v_Q i_Q dt = \frac{V_{off} \, I_{on} \, \Delta T_{off}}{6} f_s \quad \cdots\cdots\cdots\cdots \quad (4\text{-}6)$$

式 (4-2) と式 (4-4) より、スイッチング損失 $P_{turn.on}$ と $P_{turn.off}$ は電流 I_{on} に比例することが分かる。また、スイッチング損失は f_s に比例し、コンバータの高周波化に伴い増加する。よって、高周波化により回路の小型化を目指す場合、スイッチング損失の低減は避けては通れない課題である。スイッチング損失の低減のためには、ΔT_{on} と ΔT_{off} を短縮する、すなわち高速でターンオンならびにオフすることが有効である。もしくは、ソフトスイッチングの適用によるスイッチング損失の低減が不可欠である。

４．２．４． ZVS によるスイッチング損失低減

スイッチング損失を低減するためにはソフトスイッチングが有効である。零電流スイッチング（ZCS: Zero Current Switching）と零電圧スイッチング（ZVS: Zero Voltage Switching）があり、特に ZVS はスイッチの出力容量 C_{oss} （4.3.1 節）の充放電に起因する損失も抑えることができる。以降ではスイッチに MOSFET を用いることを想定して説明を行う。

ZVS を達成するためには、ターンオフ直前においてドレインからソースの方向に電流が流れており、また、ターンオン直前においてはボディーダイオードが導通している必要がある。

ZVS を達成可能な条件下におけるスイッチングレグの動作波形ならびに動作モードを図 4-5 と図 4-6 にそれぞれ示す。Mode 1 ではハイサイドスイッチ Q_H を介してインダクタ電流 i_L が流れており、Q_H の電流 i_{QH} は正、すなわちドレインからソースの方向に電流が流れている。Q_H のゲート電圧 $v_{gs.H}$ が立ち下がると Q_H はターンオフされ Mode 2 に移行する。

Mode 2 は Q_H と Q_L が共にオフとなるデッドタイム期間である。このとき、i_L によって Q_H の出力容量が充電されることで Q_H の電圧 v_{QH} は傾きをもって上昇するため、ターンオフ時点で i_{QH} と v_{QH} は重ならずターンオフ損失は発生しない。これにより Q_H は ZVS ターンオフされる。一方、Q_H と Q_L のスイッチングレグ全体には電圧 V_{in} がかかっているため、v_{QH} が上昇すると Q_L の電圧 v_{QL} は下降する。これは、Q_L の出力容量が i_L

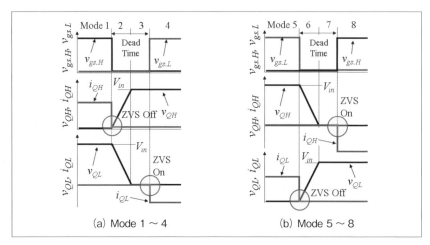

〔図4-5〕ZVS 動作波形

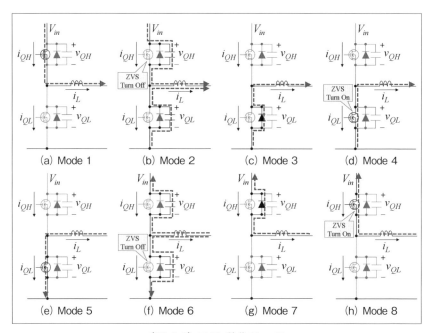

〔図4-6〕ZVS 動作モード

により放電されることを意味する。よって、Q_H と Q_L の２つのスイッチの出力合成容量を L により充放電することと等価である。

v_{QL} が低下し 0 に到達することで Q_L のボディーダイオードが導通し、動作は Mode 3 へと移行する。両方のスイッチともにゲート電圧は加えられておらず、依然としてデッドタイム期間である。

v_{QL} が 0 の間にゲート電圧 $v_{gs.L}$ を与えること、Q_L は ZVS ターンオンされ、動作は Mode 4 へと移行する。ターンオン後の Q_L の電流 i_{QL} は負、すなわちソースからドレインの方向に電流が流れる。

このように、Mode 1〜4 の一連のシーケンスを経て i_L は Q_H から Q_L へと転流され、その際のスイッチングはターンオンとターンオフともに ZVS で行われる。Mode 5〜8 は i_L が Q_L から Q_H へと転流するシーケンスに相当するが、Mode 1〜4 と同様にターンオンとターンオフともに ZVS で行われる。

比較のため、ターンオフ直前においてドレインからソースの方向に電流が流れておらず、ZVS 動作に失敗した際の動作波形例と動作モードを図 4-7 と図 4-8 にそれぞれ示す。図 4-5 との大きな相違点は、Q_H をターンオフする瞬間の i_L の極性が異なるという点である。Q_H がオン状態

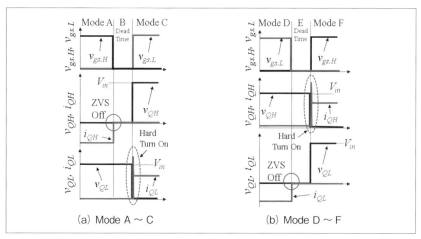

〔図 4-7〕ZVS 失敗時の動作波形例

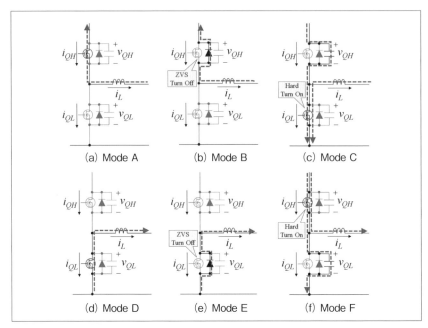

〔図 4-8〕ZVS 失敗時の動作モード例

である Mode A では、i_L がドレインからソース方向に流れている、つまり i_{QH} は負である。

　$v_{gs.H}$ を立ち下げて Q_H をターンオフすると、i_L は Q_H のボディーダイオードへと転流する（Mode B）。ボディーダイオード導通後も v_{QH} は 0 であるため、Q_H は ZVS でターンオフされる。このとき、Q_H の出力容量の電圧は 0 である。また、v_{QL} には V_{in} が印加されているため、Q_L の出力容量は V_{in} の電圧で充電された状態である。

　$v_{gs.L}$ を与えて Q_L をターンオンさせることで動作は Mode C へと移行する。Mode B では $v_{QL} = V_{in}$ であったが、Q_L のターンオンと同時に瞬時に $v_{QL} = 0$ となる。このため、Q_H の出力容量を経由してレグには瞬時的に大きな短絡電流が流れる。更に、Q_L の出力容量も Q_L のチャネルにより短絡される。これにより、Q_L のターンオンの瞬間に大きな i_{QL} が流れる。ターンオンの瞬間に v_{QL} と i_{QL} が共に大きく変動するため、波形が重な

ることで大きなスイッチング損失が生じる。

Mode A～C は Q_H から Q_L に i_L を転流する場合のシーケンスである。Q_L から Q_H への転流シーケンスは Mode D～F で表され、この場合も同様の原理で ZVS に失敗する。

4.3. 電流に無依存の損失（固定損失）

　電流に依存しない損失であり、負荷電流が小さい軽負荷領域において支配的となる要素である。主回路素子のみならず、その他の制御回路や計測回路等の雑多な損失も含まれる。ここでは、主回路素子のMOSFETと磁性素子の固定損失について述べる。

4.3.1. MOSFETの入力容量と出力容量

　MOSFETを駆動する際には、ゲートとドレインに矩形波電圧が発生する。一般的に、MOSFETの各端子間には図4-9に示すように寄生容量が存在し、MOSFET駆動時の矩形波電圧によりこれらの寄生容量の充放電が行われ損失が生じる。損失の定式化にあたり、入力容量 C_{iss} と出力容量 C_{oss} は次式で定義される。

$$\begin{cases} C_{iss} = C_{gs} + C_{gd} \\ C_{oss} = C_{ds} + C_{gd} \end{cases} \quad\cdots\cdots\cdots\cdots\cdots\cdots\cdots\cdots\cdots\cdots\cdots\cdots \text{(4-7)}$$

　ゲートトライバからの矩形波電圧により MOSFET の C_{iss} を充電しターンオンするが、その充電に伴う損失は次式で表される。

$$P_{drive} = C_{iss} V_{DD}^2 f_s \quad\cdots\cdots\cdots\cdots\cdots\cdots\cdots\cdots\cdots\cdots\cdots\cdots \text{(4-8)}$$

　ここで、V_{DD} はゲートドライバの出力電圧である。また、MOSFET がターンオフされる際にはドレイン電圧が V_{off} まで上昇し、C_{oss} が充電されることで次式の損失が生じる。

$$P_{coss} = C_{oss} V_{off}^2 f_s \quad\cdots\cdots\cdots\cdots\cdots\cdots\cdots\cdots\cdots\cdots\cdots\cdots \text{(4-9)}$$

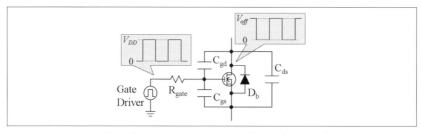

〔図4-9〕MOSFETの寄生容量と各部の波形

これらの損失はコンバータの出力電流には依存せず、軽負荷時におい
て支配的な損失となる。また、f_s に比例するため、コンバータの高周波
化に伴い増加する。ただし、4.2.4 節で解説したように、ZVS 動作時は
i_L により C_{oss} の充放電が行われるため P_{Coss} は発生しない。

４．３．２．ダイオードの逆回復損失

　P-N 接合ダイオードが導通状態から急激にターンオフして逆バイアス
状態となる過程において、少数キャリアの蓄積により逆方向に電流が流
れる。逆流している期間を逆回復時間 t_{RR} と呼ぶ。図 4-10 に示すように、
逆回復時はダイオードに電流と電圧が共に発生した状態となり、これに
より次式の逆回復損失が発生する。

$$P_{RR} = \frac{V_R I_{RM} t_b}{6} f_s \quad\text{...} \quad (4\text{-}10)$$

ここで、V_R は逆バイアス時にダイオードに加わる電圧、I_{RM} は逆回復時
の電流ピークである。この逆回復損失を低減するためには t_{RR} の小さな
デバイスであるファストリカバリダイオード（FRD: Fast Recovery
Diode）や P-N 接合を有さないショットキバリアダイオードが有効であ
る。

４．３．３．トランスの鉄損

　トランスやインダクタに交流電流を流すとコアには交流磁界が発生
し、コアの磁束密度 B はヒステリシスループを描く。コアの鉄損 P_{iron}
はヒステリシスループで囲まれた面積となり、次式のスタインメッツの

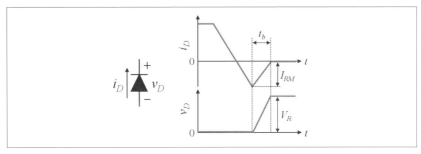

〔図 4-10〕ダイオードの逆回復特性

実験式[2]で表すことができる。

$$P_{iron} = K_h f_s B_m^{1.6} \quad \cdots\cdots\cdots\cdots\cdots\cdots\cdots\cdots\cdots\cdots\cdots\cdots\cdots (4\text{-}11)$$

K_h はコアの材質や形状で与えられる比例定数、B_m は次式で与えられる最大磁束密度である。

$$B_m = \frac{V}{f_s NA} \quad \cdots\cdots\cdots\cdots\cdots\cdots\cdots\cdots\cdots\cdots\cdots\cdots\cdots (4\text{-}12)$$

N は巻数、A はコアの実効断面積、V は巻線の印加電圧である。

4.4. 電力変換回路の最高効率点

電力変換回路における合計損失 P_{loss} を、電流の2乗に比例する損失（ジュール損失）、電流に比例する損失、電流に無依存の損失、の3つの要素の和で表されるものとして一般化する。

$$P_{loss} = \alpha I^2 + \beta I + \gamma \quad \cdots\cdots\cdots\cdots\cdots\cdots\cdots\cdots (4\text{-}13)$$

α、β、γ は各要素の係数である。電力変換回路の効率 η は出力電力 P_{out} と P_{loss} を用いて次式で表せる。

$$\eta = \frac{P_{out}}{P_{out} + P_{loss}} = \frac{V_{out}\,I}{\alpha I^2 + (V_{out} + \beta)I + \gamma} \quad \cdots\cdots\cdots\cdots (4\text{-}14)$$

η の最高点では $\partial\eta / \partial I = 0$ となる。この関係を式 (4-14) にあてはめて、

$$\frac{\partial\eta}{\partial I} = 0 \;\rightarrow\; \alpha I^2 = \gamma \quad \cdots\cdots\cdots\cdots\cdots\cdots\cdots\cdots (4\text{-}15)$$

この式は、ジュール損失と固定損失が等しくなる時に電力変換回路の効率が最高点に達することを意味する。

図4-11に電力変換回路における損失と効率の出力電力（出力電流）の関係性を示す。軽負荷領域と重負荷領域では固定損失 γ とジュール損失 αI^2 がそれぞれ支配的となる。$\gamma = \alpha I^2$ となる点で最高効率点が得られる。

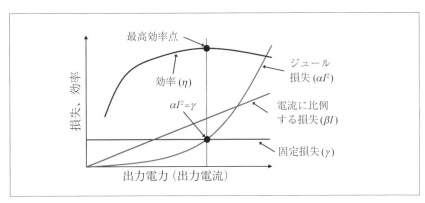

〔図 4-11〕電力変換回路の最高効率点

参考文献

1) 茶位祐樹、山本達也、金野泰之、川原翔太、卜穎剛、水野勉、山口豊、狩野知義、" LLC 共振形コンバータ用トランスに使用するリッツ線の素線数の検討"、日本 AEM 学会誌、vol. 26, no. 2, pp. 332-337, 2018.

2) A.V.D. Bossche and V.C. Valchev, Inductors and transformers for power electronics, New Mexico: CRC Press, 2005.

5

コンバータの
小型化への
アプローチとその課題

コンバータの小型化は、電力変換効率の向上と並んでパワーエレクトロニクス分野における共通課題である。本章では、コンバータの小型化に向け、高周波化ならびに高エネルギー密度の受動素子採用によるコンバータの小型化について解説する。

5.1. 小型化へのアプローチ

図5-1に電動車両用パワーエレクトロニクス装置における体積割合の一例を示す[1]。空隙を除くと、受動部品と冷却系が体積の大部分を占める一方、MOSFETやIGBTやダイオード等の半導体デバイスが占める割合は低い。中～大電力用途ではファンを用いた強制空冷や水冷が必須であるため冷却系が占める体積割合が高くなる。低電力用途では簡素なヒートシンクや基板を利用した空冷ができるため、冷却系の割合は低下する。これらの傾向より、コンバータの小型化に向けては受動部品と冷却系の小型化が重要であることが分かる。冷却系のサイズについては回路損失とシステムの熱設計により決定されるため、冷却系の小型化は回路損失低減というパワーエレクトロニクス分野における普遍的課題に帰着する。熱設計については本書の範疇を超えるため割愛する。

コンバータの小型化に向けては主に、高周波化による受動素子の小型化、高エネルギー密度の受動素子の採用、高効率化や高温度耐性部品の採用による廃熱系（ヒートシンク、ファン、等）の小型化、スイッチや受動部品の統合による部品点数の削減、が挙げられる。

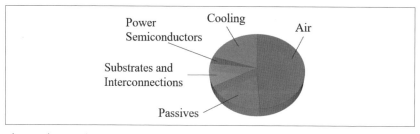

〔図5-1〕電動車両用パワーエレクトロニクス装置における体積割合の一例[1]

5.2. 高周波化による受動素子の小型化とその課題
5.2.1. 受動素子の充放電エネルギー量

　コンバータの主回路は、能動素子である MOSFET、IGBT、ダイオード等の半導体スイッチと、受動素子であるインダクタ、トランス、コンデンサにより構成される。能動素子は電流経路の開閉の役割を担う。一方、受動素子は瞬時電流や電圧に応じたエネルギーを蓄える必要があるため能動素子よりも大型化し、コンバータにおいて大部分の体積を占めることになる。よって、コンバータを小型化するためには受動部品の小型化が鍵となる。

　一例として、SEPIC 動作時における 1 周期あたりの受動素子の充放電エネルギーを図 5-2 に示す。各受動素子の充放電エネルギーは電圧 × 電流×時間で表される。スイッチのオン期間にインダクタ L_1 と L_2 は

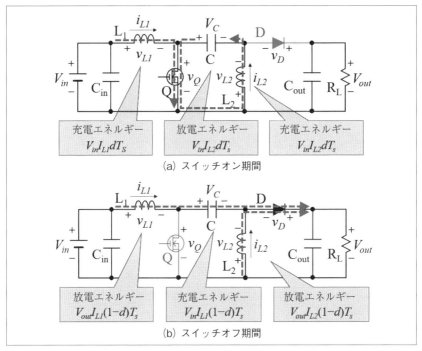

(a) スイッチオン期間

(b) スイッチオフ期間

〔図 5-2〕SEPIC 動作時の 1 周期における受動素子の充放電エネルギー

充電され、コンデンサ C は L_2 に対して放電する。スイッチのオフ期間は逆で、L_1 と L_2 は放電し、C は充電される。定常状態では充電エネルギーと放電エネルギーはバランスするため、各々の素子のエネルギー保存則の式から入出力電圧比 V_{out}/V_{in} の関係を導き出すことができる。

これら受動素子の充放電エネルギー量はいずれもスイッチング周期 T_s に比例する。スイッチング周波数 f_s は T_s の逆数であるため、f_s を高めて充放電エネルギー量を小さくすることで、受動素子の小型化の達成につながる。

5. 2. 2. 高周波化に伴う損失増加

4章で述べたように、スイッチング損失は f_s に比例するため、無闇な高周波化はコンバータの効率悪化を招くことになる。よって、高周波化によりコンバータの小型化（受動素子の小型化）を達成するには、スイッチング損失の低減が不可欠である。スイッチング損失以外にも、式 (4-8) のゲートドライブの損失や式 (4-9) の C_{oss} の損失なども f_s に比例する。また、図 4-2 と図 4-3 で示したように、周波数とともに表皮効果や近接効果によりインダクタやトランスの巻線抵抗は増加する。つまり、交流電流成分が大きくなる絶縁形コンバータや共振形コンバータで高効率化を達成するには、磁性素子の設計および選定も非常に重要な課題となる。

5. 2. 3. ソフトスイッチングによるスイッチング損失の低減

前節で述べたとおり、高周波化による受動素子の小型化を達成するためには、スイッチング損失の低減が不可欠である。前章の図 4-4 で説明したように、スイッチング損失はスイッチングの遷移時間（ΔT_{on} と ΔT_{off}）にてスイッチの電圧 v_Q と電流 i_Q が同時に 0 でない値となるときに発生する。逆に考えると、v_Q もしくは i_Q のいずれかが 0 のときにスイッチングを行うことでスイッチング損失を低減することができる。

スイッチング損失の低減手法として、ソフトスイッチングが広く用いられている。ソフトスイッチングは主に零電流スイッチング（ZCS: Zero Current Switching）と零電圧スイッチング（ZVS: Zero Voltage Switching）に分類される。例として、ZCS ターンオンと ZVS ターンオフのイメージを図 5-3 に示す。ZCS はスイッチング時において電流 i_Q が 0 となる

ように、また ZVS はスイッチング時において電圧 v_Q が0となるように周辺回路の動作とともにスイッチングのタイミングを工夫したスイッチング方法である。

ソフトスイッチングによりスイッチング損失を劇的に低減することができるものの、ソフトスイッチング実現のためには補助回路の追加、動作範囲の制約、電圧や電流実効値の上昇、回路素子の電圧や電流ストレスの増加、等の問題が生じるケースが多い。例えば下記のようなケースではフトスイッチングの導入により回路全体の損失が増加してしまうという本末転倒な状況に陥るため、ソフトスイッチングを導入すべきではない。

- 補助回路で生じる損失分がソフトスイッチングによる損失低減分を相殺する、もしくは上回る
- 動作制約の発生により、そもそもの要求仕様を満たすことができない
- 電圧や電流実効値の増加によりジュール損失が増大し、スイッチング損失の低減分を相殺する、もしくは上回る

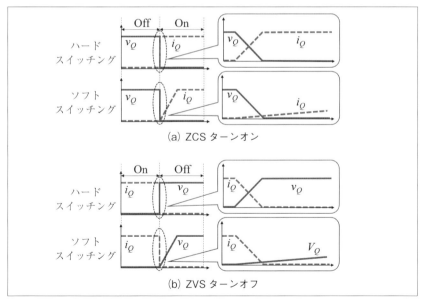

(a) ZCS ターンオン

(b) ZVS ターンオフ

〔図 5-3〕ソフトスイッチングの例

- 高耐圧素子は一般に低耐圧素子より特性（オン抵抗など）が劣るため導通損失が増加し、スイッチング損失の低減分を相殺する、もしくは上回る

5.2.4. ワイドギャップ半導体デバイスによる高周波化と損失低減

　従来の Si-IGBT をスイッチングデバイスとして用いる場合、その動作周波数は数十 kHz 程度が限界である。IGBT はバイポーラデバイスであり、一般的にユニポーラデバイスの MOSFET と比較してスイッチング速度、特にターンオフの速度が遅く、高周波化には適さない。MOSFET は高周波スイッチングに適したデバイスであるものの、オン抵抗は耐圧の 2.4〜2.6 乗に比例するため、高電圧用途では IGBT と比較して導通損失が大きくなる傾向がある。また、MOSFET の高周波動作のためには周波数に比例する損失成分（スイッチング損失（式4-4、4-6）、ゲートドライブ損失（式4-8）、C_{oss} の充電による損失（式4-9）を抑制する必要があるため、スイッチング速度の向上のみならず、C_{iss} や C_{oss} 等の寄生容量の低減も望まれる。

　近年では、炭化ケイ素 SiC（シリコンカーバイド）や窒化ガリウム GaN（ガリウムナイトライド）などのワイドギャップ半導体デバイスが台頭しており、電力変換器の高周波化が急速に進んでいる。同程度の耐圧を有する従来の Si デバイスと比較して、高速スイッチング、オン抵抗の低減、寄生容量の低減を実現できる。従来の Si デバイスをワイドギャップ半導体デバイスで置き換えることで、高周波化による受動素子の小型化に加えて、高効率化（損失低減）により廃熱系の小型化も達成することができる。

　表5-1 は、650 V 耐圧デバイスの代表的なパラメータを比較したものである。SiC や GaN デバイスは Si デバイスと比較して立ち上がり時間 t_r や立ち下り時間 t_f が短く（すなわちスイッチング速度が速く）、また、C_{iss} や C_{oss} の値が小さく低寄生容量であることが分かる。特に GaN デバイスは全てのパラメータで低い値を示す。一般的に、SiC デバイスは 600 V 以上の高電圧用途で、GaN デバイスは電圧が低く高い動作周波数が求められる用途で特に優位である。

〔表 5-1〕半導体スイッチの基礎特性の比較

	Si-IGBT RGT50TS65D	Si-MOSFET R6520KNZ4	SiC-MOSFET SCT3120ALHR	GaN GS66508P
Drain Current, I_D [A]	Collector Current, 25 A	20	21	30
Drain-SourceResistance, R_{DS} [V]	Saturation Voltage, 1.65 V	205	120	50
Maximum JunctionTemperature [°C]	175	150	175	150
Input Capacitance, C_{iss} [pF]	1400	1550	460	260
Output Capacitance, C_{oss} [pF]	56	1450	35	65
Reverse TransferCapacitance, C_{rss} [pF]	22	45	16	2
Total GateCharge, Q_g [nC]	49	40	38	5.8
Rise Time, t_r [ns]	32	50	21	3.7
Fall Time, t_f [ns]	65	30	14	5.2

5.3. 高エネルギー密度の受動素子採用による小型化

5.3.1. インダクタとコンデンサのエネルギー密度

　表5-2に市販品のコンデンサとインダクタの定格値ならびにエネルギー密度を示す。インダクタのエネルギー密度はコンデンサと比較して100倍以上の差があり、特にタンタルコンデンサやセラミックコンデンサと比べると最大で1000倍程度エネルギー密度が低い[2, 3]。一般的なコンバータではインダクタにおけるエネルギー充放電を利用して電力変換が行われるが、インダクタの代わりに高エネルギー密度のコンデンサを用いる、もしくはインダクタの充放電エネルギーの一部をコンデンサに担わせることができれば、コンバータの電力密度を向上させ、回路を小型化することができる。

5.3.2. コンデンサを用いた電力変換

　インダクタを主要素子として用いるチョッパ等とは異なり、コンデンサを主要素子として用いる回路としてスイッチトキャパシタコンバータ（SCC: Switched Capacitor Converter）が知られている。SCCの基本回路構成の例を図5-4に示す。いずれの回路でも奇数番号のスイッチ（S_1とS_3）と偶数番号のスイッチ（S_2とS_4）を50%の固定デューティで相補的に動作させることで、入力電源V_{in}からコンデンサCを介し、負荷抵抗R_{out}に電荷を輸送する。

　チョッパ回路等と比較してSCCではスイッチが多数必要となり回路

〔表5-2〕インダクタとコンデンサの比較

	Part Number	Manufacturer	Value	Rating	Dimension [mm]	Energy Density [μJ/mm³]
Inductor	7447709330	Wurth Electronics	33 μH	4.2 A	12×12×10	0.202
	7447709150	Wurth Electronics	15 μH	6.5 A	12×12×10	0.22
Al Electrolytic Capacitor	UUD1A331MNL1GS	Nichicon	330 μF	10 V	8×8×10	25.8
	PCE3909TR-ND	Panasonic	470 μF	25 V	10×10×10	147
Tantalum Capacitor	TPSE337M010R0100	AVX	330 μF	10 V	7.3×4.3×4.3	122
	T491X107K025ZT	Kemet	100 μF	25 V	7.3×4.3×4.3	232
Ceramic Capacitor	GRM32ER61A107ME20L	Murata	100 μF	10 V	3.2×2.5×2.7	231
	C7563X7R1E476M230LE	TDK	47 μF	25 V	7.5×6.3×2.6	120

構成は複雑化するものの、高エネルギー密度のコンデンサの採用により回路の飛躍的な小型化が期待できる。しかし、回路中にインダクタが存在しないため、インダクタの充放電を利用したPWM制御ができず、入出力電圧比は回路構成で決定される固定値に限定される。例えば、図5-4 (a) のSCCでは入出力電圧比は1.0であり、図5-4 (b) の回路では1/2となる。f_sを操作することで入出力電圧比を調整することも可能ではあるが、損失が急激に増加する傾向がある。詳細については第7章にて述べる。

　SCCにインダクタを追加した回路方式として、図5-5に示すハイブリッドSCC[4~7)]や、図5-6に示すマルチレベルフライングキャパシタコンバータ[8~10)]なども幅広く用いられている。インダクタの存在により、SCC単体と比較してコンバータの電力密度は低下するものの、インダクタの充放電を利用したPWM制御による入出力電圧比の調整ができる。その他、インダクタの小型化が可能なSCC方式として共振形SCCやフェーズシフトSCC等も提案されている。詳細については8章で述べる。

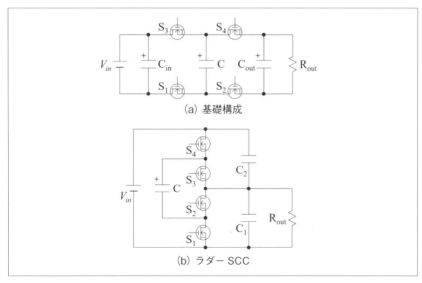

〔図5-4〕スイッチトキャパシタコンバータの基本回路構成

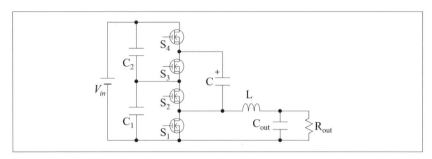

〔図 5-5〕ハイブリッドスイッチトキャパシタコンバータ

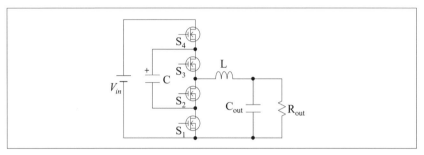

〔図 5-6〕マルチレベルフライングキャパシタコンバータ

５．４．高効率化や高温度耐性部品の採用による廃熱系バイスの小型化

　コンバータでは損失に伴いスイッチングデバイスは発熱するため、回路の損壊を防止しつつ寿命を損なうことなくコンバータを運転するためには熱を適切に処理する必要がある。廃熱量が少ない場合は自然空冷もしくはファンを用いた強制空冷方式が用いられ、廃熱量が多い用途では水冷方式が採用される。いずれにおいてもヒートシンク等の廃熱デバイスを要するが、図5-1に示したようにこれらはコンバータの中でも大きな体積割合を占める。廃熱系デバイスの小型化のためには損失自体の低減が最も有効であるため、コンバータの高効率化はエネルギーの有効活用の観点のみならず回路の小型化においても重要である。廃熱量低減による廃熱系デバイスの小型化はパワーエレクトロニクス分野においては普遍的課題であるため、本書では割愛する。

5．5．スイッチや受動部品の統合による部品点数の削減
5．5．1．コンバータ単体レベルでの磁性素子の統合

　コンバータの回路方式によっては複数個の磁性素子を有する。例えば、図2-11で示したSEPIC、Zetaコンバータ、Ćukコンバータ、Superbuckコンバータは2つのインダクタを有し、動作時においてこれらのインダクタには理論的には同一の電圧が印加される。そこで図5-7に示すように、動作時において互いの磁束を打ち消し合うようインダクタを結合して結合インダクタ（カップルドインダクタ）を構成する。これにより、インダクタの素子数半減ならびに小型化を達成することができる[11]。

　その他の例として、複数の並列接続したチョッパ回路を位相をずらしつつ動作させることで、入出力ポートの電流容量を増強させつつ電流リプルを低減することが可能なインタリーブコンバータが挙げられる。図5-8（a）に2相インタリーブ昇圧チョッパの例を示す。L_1とQ_1とD_1から構成される相と、L_2とQ_2とD_2で構成される相の、合計2相の昇圧チョッパ回路と等価である。Q_1とQ_2の位相を180°ずらしてスイッチングすることで、入力端においてはL_1とL_2の電流リプルが相殺されるため、単相の昇圧チョッパの場合と比較して入力平滑コンデンサC_{in}の容量を低減することができる。出力端子ではD_1とD_2が交互に導通することで、単相の場合と比較して出力平滑コンデンサC_{out}の容量を低減可能である。インタリーブコンバータでは各相が位相をずらして動作するため、単相の場合と比べてスイッチング周波数がn倍（nは相数）になるのと等価である。等価的な高周波化により入出力コンデンサの充放電エネルギー量が低減され、小型化を達成することができる。

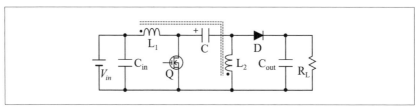

〔図5-7〕結合インダクタを用いたSEPIC

インタリーブコンバータでは図 5-8（a）に示すように相毎にインダクタが用いられる。これらのインダクタを、図 5-8（b）に示すように結合することも可能である。結合係数を適切に調整しつつ 2 つのインダクタを結合し、結合インダクタの漏れインダクタンスと励磁インダクタンスの両方を回路動作に利用する。結合インダクタの採用により設計難易度は高くなるが、個別にインダクタを用いる場合と比較して磁性素子数の削減ならびに回路の小型化を実現することができる [12]。

5.5.2. システムレベルでの統合

多くのアプリケーションでは複数の電源を有しており、それに伴いコンバータも複数台必要となる。例として、バッテリを備えたスタンドアロン太陽光発電システムを図 5-9 に示す。このシステムでは太陽電池パネル（PV: Photovoltaic Panel）とバッテリの合計 2 つの電源が存在する。太陽電池の発電量が大きくなる日中は太陽電池が負荷に対して電力を供給しつつ、余剰電力はバッテリに蓄えられる。一方、夜間や雨天時などにおいて太陽電池の発電量が低い場合は、バッテリ単体で負荷に対して電力を供給する、もしくは太陽電池の不足電力分をバッテリが補いつつ負荷に電力供給を行う。このような太陽光発電システムでは、太陽電池パネルに対して最大電力点追尾制御（MPPT: Maximum Power Point

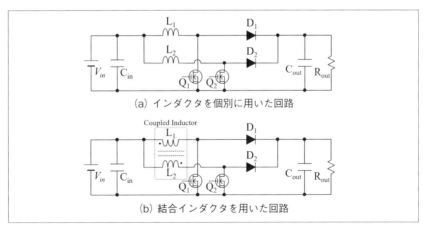

（a）インダクタを個別に用いた回路

（b）結合インダクタを用いた回路

〔図 5-8〕インタリーブ昇圧チョッパ

Tracking）を行う単方向のコンバータに加えて、バッテリの充放電制御
を行うための双方向コンバータが必要となる。

　主要素子を共有させつつ複数台のコンバータを統合したマルチポート
コンバータ（MPC: Multiport Converter）が多数提案されている。MPCは
大まかに非絶縁方式、絶縁方式、部分絶縁方式に大別される。

　非絶縁形MPCは、スイッチおよびインダクタを共有しつつ複数台の
非絶縁形コンバータ（チョッパ）を統合したものである。図5-9（a）の電
源システムに対して個別に非絶縁形コンバータを用いる場合、図5-10（a）
に示すように太陽電池パネルとバッテリに対してはチョッパ回路がそれ
ぞれ必要となる。よって、半導体スイッチ（ダイオード含む）の総計は
4となる。これら2つのチョッパ回路におけるスイッチを共有させるこ
とで図5-10（b）に示す非絶縁形MPCが導出される[13~15]。この非絶縁形
MPCでは合計スイッチ数は3つに低減される。Q_LとQ_Mのペアは図5-7（a）
のQ_{L1}として振る舞う一方、Q_HとQ_Mのペアは図5-7（a）におけるQ_{H2}
に相当する。すなわち、Q_MはQ_LおよびQ_Hと同時にオン（オーバーラ
ップ）するよう動作する。ここでは2つの基本的なチョッパ回路のスイ

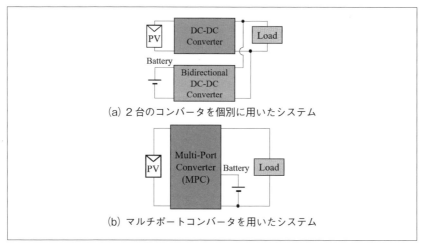

（a）2台のコンバータを個別に用いたシステム

（b）マルチポートコンバータを用いたシステム

〔図5-9〕スタンドアロン太陽光発電システムにおける、マルチポートコン
　　　　バータによるシステムレベルでの統合

ッチを共有させた最も基礎的な非絶縁形 MPC について示したが、他の
チョッパ回路を元に MPC を導出することも可能である[16]。また、イン
ダクタを1つにまで低減した MPC についても報告されている[17, 18]。

　絶縁形 MPC は多巻線トランスを軸に複数のアクティブブリッジ回路
を設けたものであり、ブリッジを3つ有する回路は Triple Active Bridge
(TAB) コンバータと呼ばれる（図 5-11 (a)）[19]。動作原理については
DAB (Dual Active Bridge) コンバータと同様であり、各ブリッジで生成
する矩形波電圧（v_{ab}、v_{cd}、v_{ef}）の位相差を調節することで3つのポート
間で電力伝送を行う。進み位相のブリッジから遅れ位相のブリッジに対
して電力が伝送される。DAB コンバータを用いて図 5-11 (a) のシステ
ムを構成する場合、2台の DAB コンバータを要するスイッチは合計 16
個、トランスは2個必要となる。それに対して、TAB コンバータを用
いることでスイッチは 12 個、トランスは1つにまで部品点数を削減で
きるため、回路の小型化ならびに低コスト化を達成することができる。

　TAB コンバータの等価回路を図 5-11 (b) に示す。3つの矩形波電圧が
インダクタンス L_1 ～ L_3 を介して Y 結線で接続されている。Y 結線は

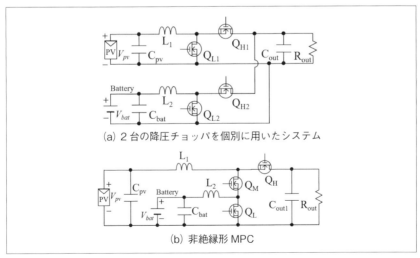

(a) 2台の降圧チョッパを個別に用いたシステム

(b) 非絶縁形 MPC

〔図 5-10〕非絶縁形 MPC の一例

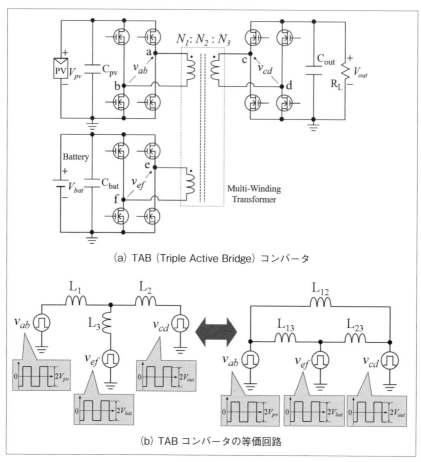

(a) TAB（Triple Active Bridge）コンバータ

(b) TAB コンバータの等価回路

〔図 5-11〕絶縁形マルチポートコンバータ（TAB）

Δ 結線に等価的に変換できる（$L_1 = L_2 = L_3$ としている）。Δ 結線 TAB コンバータは 3 つの DAB コンバータの等価回路と同一であり、各々のブリッジ間の電力は位相差により決定することができる[20, 21]。

部分絶縁形 MPC は、絶縁形 DC-DC コンバータと非絶縁形 DC-DC コンバータのスイッチもしくは磁性素子を共有させつつ統合したものである。例として、双方向チョッパと LLC コンバータより導かれる部分絶縁形 MPC を図 5-12 に示す。両回路ともに Q_L と Q_H より構成されるス

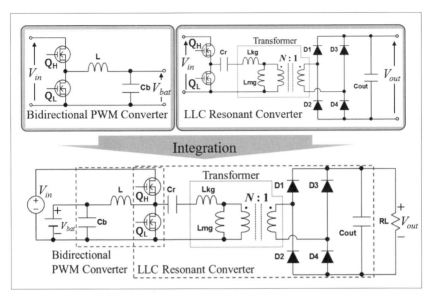

〔図 5-12〕双方向チョッパと LLC コンバータより構成される部分絶縁形マ
ルチポートコンバータの一例

イッチングレグを含むため、レグを共有する形で両回路を統合すること
で合計スイッチ数を半減することができる。スイッチのデューティを操
作する PWM 制御により V_{in} と V_{bat} の電圧比を調整しつつ、スイッチン
グ周波数を操作する PFM（Pulse Frequency Modulation）制御により負荷
電圧 V_{out} のレギュレーションを行う。ここでは、スイッチのみを共有す
ることで導出した部分絶縁形 MPC を示したが、スイッチに加えて磁性
素子も共有することで回路の小型化を達成することもできる [23]。

　共振形コンバータに替わり、DAB コンバータ等の絶縁形コンバータ
を元に異なる方式の部分絶縁 MPC を導き出すことも可能である [24]。例
として、2 相インタリーブ双方向チョッパと DAB コンバータより導出
される部分絶縁 MPC を図 5-13 に示す。2 相インタリーブチョッパは 2
つの双方向チョッパを並列接続することで電流容量を増強しつつ、動作
位相を 180°ずらすことで入出力電流リプルを低減可能なコンバータで

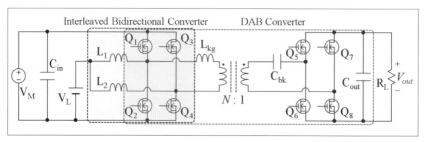

〔図 5-13〕インタリーブ双方向チョッパと DAB コンバータより構成される
部分絶縁形マルチポートコンバータの一例

ある。インタリーブチョッパの入出力電圧変換比は PWM 制御で調整し、
トランスの1次側と2次側回路の駆動位相を操作する位相シフト（PS:
Phase Shift）制御により DAB コンバータの出力に相当する V_{out} を制御す
る[24]。

参考文献

1) M. März, A. Schletz, B. Eckardt, S. Egelkraut, and H. Rauh, "Power electronics system integration for electric and hybrid vehicles," IEEE, 2010 6th Int. Conf. Integrated Power Electron. Syst. (CIPS 2010), 2010.

2) S. R. Sanders, E. Alon, H. P. Le, M. D. Seeman, M. Jhon, and V. W. Ng, "The road to fully integrated dc–dc conversion via the switched-capacitor approach," IEEE Trans. Power Electron., vol. 28, no. 9, pp. 4146–4155, Sep. 2013.

3) M. Uno and A. Kukita, "PWM switched capacitor converter with switched-capacitor-inductor cell for adjustable high step-down voltage conversion," IEEE Trans. Power Electron., vol. 34, no. 1, pp. 425–437, Jan. 2019.

4) D.F. Cortez, G. Waltrich, J. Fraigneaud, H. Miranda, and I. Barbi, "DC–DC converter for dual-voltage automotive systems based on bidirectional hybrid switched-capacitor architectures," IEEE Trans. Ind. Electron., vol. 62, no. 5, May 2015, pp. 3296–3304.

5) M. Evzelman and S.B. Yaakov, "Simulation of hybrid converters by average

models," IEEE Trans. Ind. Appl., vol. 50, no. 2, Mar./Apr. 2014, pp. 1106–1113.

6) B.P. Baddipadiga and M. Ferdowsi, "A high-voltage-gain dc–dc converter based on modified Dickson charge pump voltage multiplier," IEEE Trans. Power Electron., vol. 32, no. 10, pp. 7707–7715, Oct. 2017.

7) S. Xiong, S.C. Tan, and S.C. Wong, "Analysis and design of a high-voltage-gain hybrid switched-capacitor buck converter," IEEE Trans. Circuits Syst. I, vol. 59, no. 5, May 2012, pp. 1132–1141.

8) W. Qian, H. Cha, F. Z. Peng, and L. M. Tolbert, "55-kW variable 3X dc-dc converter for plug-in hybrid electric vehicles," IEEE Trans. Power Electron., vol. 27, no. 4, pp. 1668–1678, Apr. 2012.

9) W. Kim, D. Brooks, and G. Y. Wei, "A fully-integrated 3-level dc-dc converter for nanosecond-scale DVFS," IEEE J. Solid-State Circuit., vol. 47, no. 1, pp. 206–219, Jan. 2012.

10) Y. Lei, W.C. Liu, and R.C.N.P. Podgurski, "An analytical method to evaluate and design hybrid switched-capacitor and multilevel converters," IEEE Trans. Power Electron., vol. 33, no. 3, pp. 2227–2240, Mar. 2018.

11) Coilcraft, Coupled Inductor Guide, (https://www.coilcraft.com/edu/Coupled%20Inductor.cfm)

12) 山本真義、川島崇宏：「パワーエレクトロニクス回路における小型・高効率設計法」、科学情報出版（2014 年）

13) E.C. Santos, "Dual-output dc–dc buck converters with bidirectional and unidirectional characteristics," IET Trans. Power Electron., vol. 6, no. 5, pp. 999–1009, May 2013.

14) O. Ray, A.P. Josyula, S. Mishra, and A. Joshi, "Integrated dual-output converter," IEEE Trans. Ind. Electron., vol. 62, no. 1, pp. 371–382, Jan. 2015.

15) N. Katayama, S. Tosaka, T. Yamanaka, M. Hayase, K. Dowaki, and S. Kogoshi, "New topology for DC-DC converters used in fuel cell-electric double layer capacitor hybrid power source systems for mobile devices," IEEE Trans. Ind. Electron., vol. 52, no. 1, pp. 313–321, Jan. 2016.

16) H. Nagata and M. Uno, "Multi-port converter integrating two PWM converters for multi-power-source systems," in Proc. Int. Future Energy Electron. Conf. 2017 (IFEEC 2017), pp. 1833–1838, Jun. 2017.

17) A. Hintz, U. R. Prasanna, and K. Rajashekara, "Novel modular multiple-input bidirectional DC–DC power converter (MIPC) for HEV/FCV application," IEEE Ind. Electron., vol. 62, no. 5, pp. 3068–3076, May 2015.

18) A. I, S. Senthilkumar, D. Biswas, and M. Kaliamoorthy, "Dynamic power management system employing a single-stage power converter for standalone solar PV applications," IEEE Trans. Power Electron., vol. 33, no. 12, pp. 10352–10362, Dec. 2018.

19) C. Zhao, S. D. Round, and J. W. Kolar, "An isolated three-port bidirectional DC-DC converter with decoupled power flow management," IEEE Ind. Electron., vol. 23, no. 5, pp. 2443–2453, Sep. 2008.

20) S. Falcones, R. Ayyanar, and X. Mao, "A DC–DC multiport-converter-based solid-state transformer integrating distributed generation and storage," IEEE Trans. Power Electron., vol. 28, no. 5, pp. 2192–2203, May 2013.

21) L. Wang, Z. Wang, and H. Li, "Asymmetrical duty cycle control and decoupled power flow design of a three-port bidirectional DC-DC converter for fuel cell vehicle application," IEEE Trans. Power Electron., vol. 27, no. 2, pp. 891–904, Feb. 2012.

22) X. Sun, Y. Shen, W. Li, and H. Wu, "A PWM and PFM hybrid modulated three-port converter for a standalone PV/battery power system," IEEE J. Emerg. Sel. Topics Power Electron., vol. 3, no. 4, pp. 984–1000, Dec. 2015.

23) M. Uno, R. Oyama, and K. Sugiyama, "Partially-isolated single-magnetic multi-port converter based on integration of series-resonant converter and bidirectional PWM converter," IEEE Trans. Power Electron., vol. 33, no. 11, pp. 9575–9587, Nov. 2018.

24) W. Li, J. Xiao, Y. Zhao, and X. He, "PWM plus phase angle shift (PPAS) control scheme for combined multiport DC/DC converters," IEEE Trans. Power Electron., vol. 27, no. 3, pp. 1479–1489, Mar. 2012.

6

共振形コンバータ

共振形コンバータは、ソフトスイッチング動作によりスイッチング損失を低減することが可能な電力変換回路である。共振形コンバータにも非絶縁形と絶縁形が存在するが、本章では絶縁形共振形コンバータについて述べる。共振形コンバータは共振タンクの種類に応じて様々な回路方式が存在するが、最も汎用的に用いられる直列共振形コンバータとLLC共振形コンバータを中心に解説する。

6.1. 概要
6.1.1. 共振形コンバータの構成と特徴

　本章で述べる共振形コンバータは絶縁形コンバータの類であり、図 6-1 に示す構成をとる。図 3-14 で説明した通常の絶縁形コンバータに、共振用インダクタ L_r と共振用コンデンサ C_r から成る共振タンクが加えられた構成に相当する。トランスの 1 次側回路における矩形波生成回路（ブリッジ回路）により矩形波電圧を生成し、共振回路（共振タンク）を駆動する。これにより、回路中の電流もしくは電圧がおよそ正弦波状となり、トランスを介して 2 次側に電力が伝送される。伝送された電流は整流回路で直流に変換され、負荷へと電力が供給される。一般的に、共振タンクの動作を阻害しないよう、整流器ではフィルタインダクタは用いられず、主にコンデンサにより平滑化が行われる。

　共振形コンバータでは回路中の電流や電圧もしくは両方が正弦波状に変化するため、電流と電圧が急激に変化する PWM コンバータ等と比較して電流変化率 di/dt や電圧変化率 dv/dt に起因するノイズを低減することができる。それと同時に、ソフトスイッチングによるスイッチング損失の低減も実現することができる。しかし、共振により電流もしくは電圧のピーク値が上昇するため、素子選定の際には定格電流と耐圧に注意を払う必要がある。また、共振による電流実効値の増加とともにジュール損失も増加する傾向があるため、共振によるスイッチング損失の低減効果がジュール損失の増加分を上回るよう回路を設計すべきである。

　チョッパ回路や一般的な絶縁形コンバータでは固定スイッチング周波数においてスイッチのデューティを操作する PWM 制御が用いられていた。また、DAB コンバータでは、固定スイッチング周波数において 1

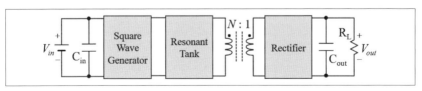

〔図 6-1〕共振形コンバータの構成

次側と2次側回路の位相差を操作する位相シフト制御が用いられる。これらのコンバータではスイッチング周波数は固定であるため、コンバータの入出力フィルタはスイッチング周波数を基準として設計すればよい。それに対して、共振形コンバータでは共振タンクのインピーダンス Z が周波数に依存することを利用して、パルス周波数変調（PFM: Pulse Frequency Modulation）による出力電圧制御が一般的に採用される。共振形コンバータを用いて幅広い入出力電圧比（ゲイン）や負荷変動に対応するためにはスイッチング周波数を広い範囲で変化させる必要があり、コンバータの入出力フィルタの最適設計が困難となる。よって、一般的に共振形コンバータは入出力電圧比の変動や負荷変動の小さな用途に適する。

6.1.2. 共振形コンバータの種類と特徴

　共振形コンバータは共振タンクの種類によって異なる特性を示す。代表的な共振タンクを図6-2に示す。直列共振タンクは入力ポート A-B と出力ポート C-D の間に直列共振回路によるインピーダンス Z が形成される。よって、出力電圧は入出力電圧よりも低くなる。実用においては、L_r にはトランスの漏洩インダクタンス L_{kg} を用いることが多い。

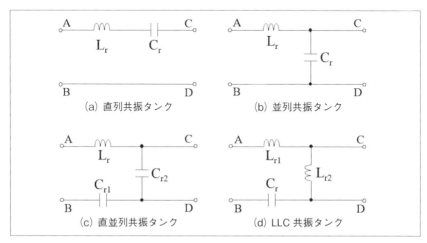

(a) 直列共振タンク　　(b) 並列共振タンク

(c) 直並列共振タンク　　(d) LLC 共振タンク

〔図6-2〕共振タンクの種類

　並列共振タンクは C_r が出力ポート C-D と並列接続されている。C_r の電圧は入力電圧よりも高くすることができ、高昇圧用途にも応用することができる。また、並列共振タンクは共振周波数において出力電流が一定になる特性を有する [1]。

　直並列共振タンクは直列共振と並列共振の組み合わせにより構成される。名前の通り、直列共振と並列共振の両方の特性を有し、2つの共振周波数を有する [1]。

　LLC 共振タンクは共振形コンバータで最も汎用的に用いられる回路である。この回路も2つの共振周波数を有し、直列共振コンバータよりも広いゲイン特性を実現することができる。2つの共振インダクタ L_{r1} と L_{r2} にはトランスの漏洩インダクタンス L_{kg} と励磁インダクタンス L_{mg} をそれぞれ用いることができるため、実質的にトランスと共振コンデンサ C_r のみで LLC 共振タンクを構成することができる。よって、実物の回路構成を簡素化する上でも都合の良い共振タンクである。

6.2. 直列共振形コンバータ

6.2.1. 回路構成

　直列共振形コンバータの回路構成を図6-3に示す。矩形波電圧発生回路としては非対称ハーフブリッジ、整流回路にはフルブリッジ整流回路（全波整流回路）を用いた構成である。矩形波電圧生成回路は非対称ハーフブリッジではあるが、ハイサイドスイッチ Q_H とローサイドスイッチ Q_L を、デッドタイムを確保するために0.5よりも若干低い同一のデューティで駆動する。非対称ハーフブリッジにおけるブロッキングコンデンサ C_{bk} が共振コンデンサ C_r に置き換えられており、C_r は直流阻止のみならず共振にも利用される。前節で述べたように、共振インダクタ L_r にはトランスの漏洩インダクタンスを利用することができるため、本回路中に存在する磁性素子はトランスのみである。

　ここでは、矩形波電圧生成回路には非対称ハーフブリッジ回路を、整流回路にはフルブリッジ整流回路を用いた構成を示したが、他の矩形波電圧回路や整流回路を用いることができる。3.4節で述べたように、トランス1次側回路でハーフブリッジインバータをフルブリッジインバータに置き換えることで入出力電圧比は2倍となる。また、2次側回路においてフルブリッジ整流回路からダブラー回路に変更することでも入出力電圧比は2倍となる。ただし、共振タンクに印加される電圧は矩形波電圧生成回路と整流回路に応じて異なるため、次節以降で説明する整流

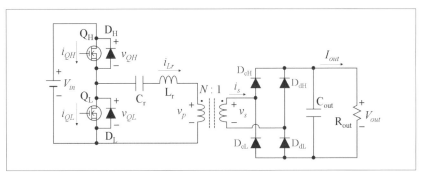

〔図6-3〕直列共振形コンバータの回路構成

回路の等価抵抗ならびにゲイン特性の係数に若干の変更が生じる。

6.2.2. 共振周波数とスイッチング周波数の関係

　直列共振形コンバータでは、直列共振タンクの共振周波数 f_r とスイッチング周波数 f_s の大小関係によって動作モードが異なる。$f_s > f_r$ で動作させることで共振タンクは誘導性を示し、矩形波電圧の位相が電流よりも進んだ動作モードとなる。逆に、$f_s < f_r$ の条件では共振タンクは容量性を示し、矩形波電圧の位相が電流よりも遅れた動作モードとなる。$f_s = f_r$ では L_r と C_r のリアクタンスが打ち消し合うことで、共振タンクは抵抗性を示す。

　直列共振形コンバータを $f_s < f_r$ の条件（すなわち共振タンクが容量性を示す領域）で動作させると、スイッチと並列接続されるダイオードの逆回復によりスイッチング時において瞬時的に大きな短絡電流が流れ、大きなスイッチング損失を発生してしまう。よって、一般的に直列共振形コンバータは $f_s > f_r$ の範囲（共振タンクが誘導性を示す領域）で動作させる。以降の節では主に $f_s > f_r$ における動作モードについて説明する。$f_s < f_r$ における動作については 6.2.5 節で述べる。

　直列共振タンクの共振角周波数 ω_0、特性インピーダンス Z_0 は次式で与えられる。

$$\omega_0 = 2\pi f_r = \frac{1}{\sqrt{L_r C_r}} \quad \cdots\cdots\cdots\cdots\cdots\cdots\cdots \quad (6\text{-}1)$$

$$Z_0 = \omega_0 L_r = \frac{1}{\omega_0 C_r} = \sqrt{\frac{L_r}{C_r}} \quad \cdots\cdots\cdots\cdots\cdots\cdots \quad (6\text{-}2)$$

L_r の最大蓄積エネルギー E_{Lr} と、C_r の最大蓄積エネルギー E_{Cr} はそれぞれ、

$$\begin{cases} E_{Lr} = \frac{1}{2} L_r I_m^2 \\ E_{Cr} = \frac{1}{2} C_r V_m^2 \end{cases} \quad \cdots\cdots\cdots\cdots\cdots\cdots \quad (6\text{-}3)$$

ここで、I_m と V_m はそれぞれ L_r の交流電流成分のピーク値と C_r の交流

電圧成分のピーク値である。式 (6-3) に式 (6-1) を代入すると、

$$E_r = \frac{1}{2}L_r I_m^2 = \frac{1}{2}\frac{C_r I_m^2}{(C_r \omega_0)^2} = \frac{1}{2}C_r Z_0^2 I_m^2 = \frac{1}{2}C_r V_m^2 \quad \cdots\cdots\cdots \quad (6\text{-}4)$$

この式は、L_r の最大蓄積エネルギーと C_r の最大蓄積エネルギーは等しいことを意味する。定常状態では共振タンクの瞬時蓄積エネルギーは一定であり、直列共振回路において共振の鋭さ Q_L は次式で定義される。

$$Q_L = \frac{\omega_0 L_r}{R} = \frac{1}{\omega_0 C_r R} = \frac{Z}{R} \quad \cdots\cdots\cdots\cdots\cdots\cdots\cdots\cdots\cdots\cdots\cdots\cdots\cdots \quad (6\text{-}5)$$

6.2.3. 動作モード ($f_s > f_r$)

$f_s > f_r$ における直列共振形コンバータの動作波形ならびに動作モードを図6-4と図6-5にそれぞれ示す。ローサイドスイッチ Q_L の電圧 v_{QL} は共振タンクの入力ポートに印加される電圧と等しい。一方、トランス1次巻線電圧 v_p は共振タンクの出力ポート電圧に相当する。よって、共振タンクの電流 i_{Lr} は主に v_{QL} と v_p により決定される。v_{gsH} と v_{gsL} は Q_H と Q_L のゲート電圧であり、デッドタイムを挿入しつつ同一のデューティで駆動する。

Mode 1：Q_H がオン状態であり、$v_{QL} = V_{in}$ である。i_{Lr} は正の値であり、

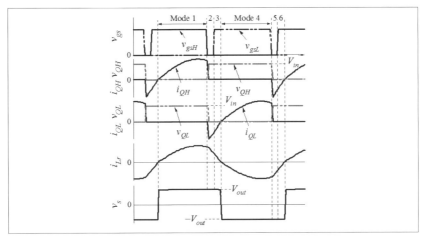

〔図6-4〕直列共振形コンバータの動作波形 ($f_s > f_r$)

正弦波状に変化する。一方、トランス2次側回路では D_{cH} と D_{dL} が導通するため、$v_p = NV_{out}$ となる。

Mode 2：本モードは両スイッチがオフ状態のデッドタイム期間に相当する。i_{Lr} が0となる前に v_{gsH} を立ち下げることで Q_H をターンオフする。i_{Lr} は Q_L のボディダイオードに転流するため、$v_{QL} = 0$ となる。i_{Lr} は正の値であるため、トランス2次側では依然として D_{cH} と D_{dL} が導通してお

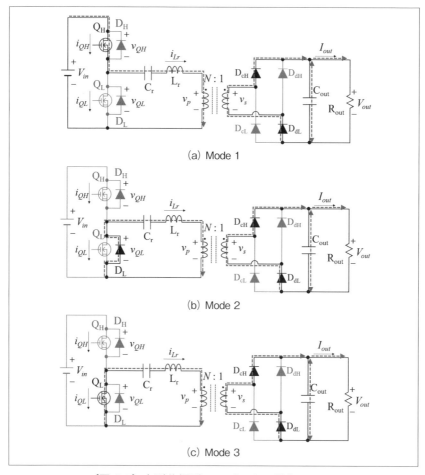

(a) Mode 1

(b) Mode 2

(c) Mode 3

〔図6-5〕直列共振形コンバータの動作モード

り、$v_p = NV_{out}$ のままである。

Mode 3：i_{Lr} が 0 となる前に v_{gsL} を与えることで Q_L をターンオンする。Q_L のボディーダイオードが導通している状態、すなわち $v_{QL} = 0$ の状態で Q_L はターンオンされるため、ZVS ターンオンが達成される。

Mode 4：i_{Lr} の極性が負となることで、トランス 2 次側回路では D_{cL} と D_{dH} が導通し始め、$v_p = -NV_{out}$ となる。i_{Lr} は Q_L をドレイン - ソース方

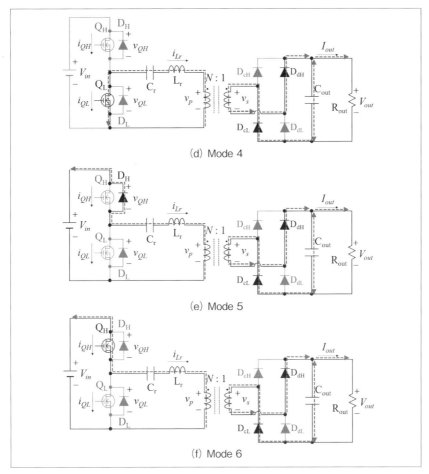

(d) Mode 4

(e) Mode 5

(f) Mode 6

〔図 6-5〕直列共振形コンバータの動作モード

向に流れ、正弦波状に変化する。

　Mode 5：Mode 2と同様、本モードは両スイッチがオフ状態のデッドタイム期間である。i_{Lr} が0となる前に v_{gsL} を立ち下げることで Q_L をターンオフする。i_{Lr} は Q_H のボディーダイオードに転流し、$v_{QL} = V_{in}$ となる。i_{Lr} は負の値であるため、2次側整流回路では依然として D_{cL} と D_{dH} が導通しており、$v_p = -NV_{out}$ のままである。

　Mode 6：i_{Lr} が0となる前に v_{gsH} を与えることで Q_H をターンオンする。Q_H のボディーダイオードが導通している状態、すなわち $v_{QH} = 0$ の状態で Q_H はターンオンされるため、ZVSターンオンが達成される。$i_{Lr} > 0$ になると同時に再び Mode 1へと移行する。

　図6-4から分かるように、Mode 1〜3と Mode 4〜6の動作波形には対称性がある。よって、一般的に0.5のデューティで動作する共振形コンバータでは半周期分の動作に対する解析から、動作の対称性を利用して1周期全体の動作モードの把握ならびに解析を行うことができる。

6.2.4. 基本波近似による解析

　図6-4に示したように、トランス1次巻線電圧 v_p $(= Nv_s)$ は平均電圧が0で振幅が NV_{out} の矩形波電圧である。この矩形波電圧の基本波成分の振幅 $V_{m.p}$ はフーリエ級数より、

$$V_{m.p} = \frac{4N}{\pi} V_{out} \quad\cdots\cdots\cdots\cdots\cdots\cdots (6\text{-}6)$$

　厳密には i_{Lr} は正弦波ではないが、i_{Lr} は周波数がスイッチング周波数と同一の正弦波電流であると仮定する。出力電流 I_{out} は Ni_{Lr} の積分を用いて次式のように表される。

$$\begin{aligned} I_{out} &= \frac{2}{T_s} \int_0^{T_s/2} Ni_{Lr}\, dt \\ &= \frac{2}{T_s} \int_0^{T_s/2} NI_{m.Lr} \sin(\omega_0 t)dt = \frac{2}{\pi} NI_{m.Lr} \quad\cdots\cdots (6\text{-}7) \end{aligned}$$

ここで、$I_{m.Lr}$ は1次側における i_{Lr} の振幅である。整流回路では電圧と電流は同位相となるため、トランス1次巻線以降の回路全体の等価抵抗 R_{eq} は次式のように求まる。

$$R_{eq} = \frac{V_{m.p}}{I_{m.Lr}} = \frac{8N^2}{\pi^2}\frac{V_{out}}{I_{out}} = \frac{8N^2}{\pi^2}R_L \quad \cdots\cdots\cdots\cdots\cdots\cdots\cdots\cdots \quad (6\text{-}8)$$

ここで、R_L は負荷抵抗である。

　仮にフルブリッジ整流回路の代わりに図 3-16（b）と（c）のダブラー回路を 2 次側回路として用いる場合、v_p（$= Nv_s$）は振幅が $NV_{out}/2$ の矩形波電圧となるため、$V_{m.p} = 2NV_{out}/\pi$ となる。これは、フルブリッジ整流回路を用いた場合の式（6-6）と比べて半分の値である。よって、等価抵抗 R_{eq} も式（6-8）と比べて半分となる。一方、図 3-16（d）のセンタータップ整流回路を用いる場合、v_p ならびに $V_{m.p}$ はフルブリッジ整流回路の場合と同じであるため、式（6-8）で与えられる R_{eq} を当てはめることができる。

　直列共振タンクに印加される電圧は Q_L の電圧 v_{QL} と等しい。v_{QL} は図 6-4 に示すように平均電圧が $V_{in}/2$ で振幅が $V_{in}/2$ の矩形波電圧であるため、基本波成分の振幅 $V_{m.inv}$ はフーリエ級数より、

$$V_{m.inv} = \frac{2}{\pi}V_{in} \quad \cdots\cdots\cdots\cdots\cdots\cdots\cdots\cdots\cdots\cdots\cdots\cdots\cdots \quad (6\text{-}9)$$

　よって、直列共振形コンバータは図 6-6 に示す等価回路で表すことができる。仮に、図 3-15（a）のフルブリッジインバータ回路を矩形波電圧生成回路として用いる場合、矩形波電圧振幅はハーフブリッジの場合と比べて 2 倍となるため、$V_{m.inv}$ も 2 倍となる（すなわち、係数が倍となり、$V_{m.inv} = 4V_{in}/\pi$）。

　直列共振タンクのインピーダンス Z と R_{eq} の合成インピーダンス Z_{total} は、式（6-5）で定義される Q_L を用いて次のように表せる。

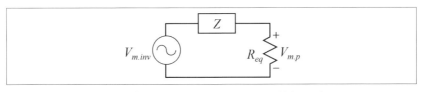

〔図 6-6〕直列共振形コンバータの等価回路

$$Z_{total} = R_{eq} + Z = R_{eq} + j\left(\omega L_r - \frac{1}{\omega C_r}\right)$$

$$= R_{eq}\left[1 + jQ_L\left(\frac{\omega}{\omega_0} - \frac{\omega_0}{\omega}\right)\right] \quad \text{……………} \quad (6\text{-}10)$$

ここで、ω はスイッチング角周波数である。式 (6-6) と式 (6-7) を図 6-6 に当てはめることで、直列共振形コンバータのゲイン G が求まる。

$$G = \frac{V_{out}}{V_{in}} = \frac{1}{2N}\frac{V_{m.p}}{V_{m.inv}} = \frac{1}{2N}\frac{R_{eq}}{|Z_{total}|}$$

$$= \frac{1}{2N}\frac{1}{\sqrt{1 + Q_L^2\left(\frac{\omega}{\omega_0} - \frac{\omega_0}{\omega}\right)^2}} \quad \text{…………………} \quad (6\text{-}11)$$

式 (6-11) で表される直列共振形コンバータのゲイン特性を図 6-7 に示す。$N = 0.5$ とし、横軸は ω を ω_0 で除した（f_s を f_r で除した）正規化角周波数である。直列共振タンクが誘導性を示す $\omega/\omega_0 > 1$ の領域では、周波数の増加と共にゲイン G は低下する。一方、直列共振タンクが容量性を示す $\omega/\omega_0 < 1$ では、周波数の増加と共に G も増加する。G 特性は Q_L の値に大きく影響を受け、重負荷では Q_L の値は大きくなる（すなわち、Q_L は負荷の大きさに相当する）。$\omega/\omega_0 = 1$ のとき、すなわちスイッチング周波数と共振周波数が等しいとき、G は Q_L の値に依存せず常に 1.0 となる。前節で述べたように、直列共振形コンバータは $f_s > f_r$（す

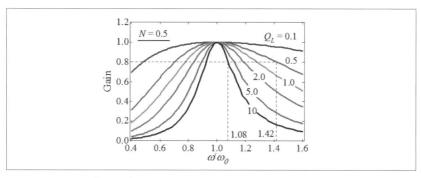

〔図 6-7〕直列共振形コンバータのゲイン特性

なわち $\omega > \omega_0$）で共振タンクが誘導性を示す領域（$\omega/\omega_0 > 1$）で動作させるが、ω/ω_0 の増加とともにゲインは低下する。これは、図 6-6 に示した等価回路において $\omega/\omega_0 = 1$ では $Z = 0$ となるため R_{eq} に高い電圧が発生するが、ω/ω_0 が高くなるとともに Z は増加し、その電圧降下によって R_{eq} の電圧が低下するためである。

　負荷変動（Q_L の変動）を考慮しつつ、直列共振形コンバータを用いて G を一定に保つことを考える。例えば、G を 0.8 に保つ場合、$Q_L = 10$ の重負荷時は $f_s/f_r = 1.08$ であるが、$Q_L = 0.5$ の軽負荷時は $\omega/\omega_0 = 1.42$ まで上昇させる必要がある。このように、広範囲の負荷に対応するためにはスイッチング周波数を広い範囲で変動させなければならない。よって、共振形コンバータは負荷変動が比較的狭い用途に適したコンバータである。

６．２．５．動作モード（$f_s < f_r$）

　$f_s < f_r$ における動作波形ならびに動作モードを図 6-8 と図 6-9 に示す。ここでは $f_s < f_r$ の動作における問題点を明らかにするために、図 6-9 では MOSFET の出力容量 C_{ossH} と C_{ossL} も含めている。また、トランス以降の回路は前節で導出した等価抵抗 R_{eq} で置き換えて簡素化して表している。

　Mode 1: Q_H がオン状態であり、i_{Lr} は正弦波状に変化する。これは $f_s > f_r$

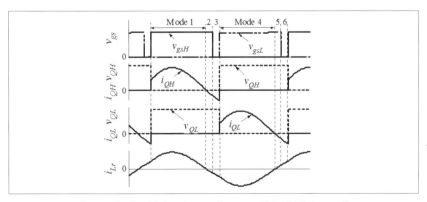

〔図 6-8〕直列共振形コンバータの動作波形（$f_s < f_r$）

における Mode 1 の動作と同様である。Q_H の電圧 v_{QH} は 0、Q_L の電圧 v_{QL} は V_{in} である。

Mode 2: Q_H がオン状態のまま i_{Lr} の極性が反転し負となる。このとき、i_{Lr} は主にスイッチのチャネルを介して電源 V_{in} に向かって流れる。v_{QH} と v_{QL} の値は Mode 1 と同じである。

Mode 3: このモードは両スイッチのゲート電圧が共に 0 となるデッドタイム期間である。v_{gsH} を立ち下げて Q_H をターンオフすることで、Q_H のボディダイオード D_{bH} を経由して i_{Lr} が流れ始める。D_{bH} が導通状態であるため依然として v_{QH} は 0 のままであり、C_{ossH} の電圧も 0 である。Q_H のターンオフ前後のいずれにおいても $v_{QH} = 0$ であるため、Q_H は ZVS でターンオフされる。一方、v_{QL} は V_{in} のままであり、C_{ossL} の電圧も V_{in} である。

Mode 4: デッドタイム期間が終了し、v_{gsL} を与えることで Q_L をターン

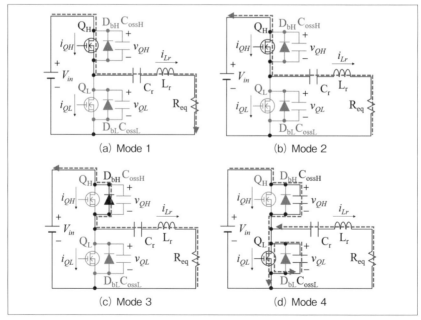

(a) Mode 1 (b) Mode 2

(c) Mode 3 (d) Mode 4

〔図 6-9〕直列共振形コンバータの動作モード $(f_s < f_r)$

オンする。この時、C_{ossH} の電圧が 0 の状態から急に Q_L がターンオンされるため、電源 V_{in} は瞬時的に C_{ossH} と Q_L を介して短絡され、大電流が流れる。これにより C_{ossH} は急速に充電される。Q_L の電圧 v_{QL} は V_{in} から急激に 0 に低下するためハードスイッチングによるターンオンであり、この瞬間に C_{ossL} は Q_L のチャネルで短絡され大電流で放電することになる。このように、Q_L がターンオンされる瞬間に C_{ossH} の充電電流と C_{ossL} の放電電流が流れ、いずれも大電流であるため大きなスイッチング損失が発生する。

前節で解説した通り、共振形コンバータでは動作の対称性があり、Mode 4～6 は Mode 1～3 の対称モードに相当する。上述の通り、Mode 4 の開始時には大電流が流れて C_{ossH} と C_{ossL} がそれぞれ充電および放電され、Q_L のターンオン時に大きなスイッチング損失が生じる。同様に、Mode 1 の開始時において Q_H がターンオンする瞬間に大電流が流れて C_{ossL} と C_{ossH} は充放電され、それと共に Q_H に大きなスイッチング損失が発生する。このように、$f_s < f_r$ での動作では C_{ossH} と C_{ossL} の急速な充放電に伴い大電流が流れるのに加えて、大きなスイッチング損失も発生するため、$f_s < f_r$ の領域での動作は推奨されない。

6.3. LLC 共振形コンバータ
6.3.1. 回路構成

　LLC 共振形コンバータの回路構成を図 6-10 に示す。矩形波電圧発生回路として非対称ハーフブリッジ、整流回路にはフルブリッジ整流回路（全波整流回路）を用いた構成であるが、他の回路を用いることもできる。直列共振形コンバータと同様、デッドタイム期間を設けつつ Q_H と Q_L を同一のデューティで駆動する。直列共振形コンバータとの違いは、L_r に加えてトランスの励磁インダクタンス L_{mg} を共振動作に利用する点にある。よって、漏洩インダクタンスを L_r に利用すればトランス 1 つのみで回路中の全ての磁性素子の機能を果たすことができる。

　Q_H と Q_L に並列接続されているダイオード（D_H と D_L）とコンデンサ（C_H と C_L）は LLC コンバータの動作において重要な役割を担う。これらの素子を活用することで LLC 共振形コンバータはターンオンとターンオフの両方においてソフトスイッチングを達成することができる。なお、これらの素子に MOSFET のボディダイオードと出力容量（C_{oss}）を利用すれば、部品点数を削減しコンバータを簡素化することができる。

　LLC 共振形コンバータの回路構成は直列共振形コンバータと非常によく似ているが、L_{mg} の寄与により理論動作やゲイン特性などは大きく異なる。具体的には、L_r と L_{mg} が共に共振動作に寄与するため、LLC コンバータは 2 つの共振周波数を有する。この 2 つの共振周波数とスイッチング周波数の関係については次節で述べる。

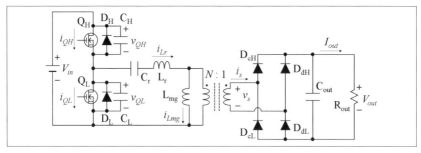

〔図 6-10〕LLC 共振形コンバータの回路構成

6.3.2. 共振周波数とスイッチング周波数の関係

LLC コンバータでは L_r と C_r による共振と、L_r に加えて L_{mg} も C_r と共振するモードが存在する。それぞれの共振周波数 f_{r0} および f_{rp} は次式で与えられる。

$$\omega_0 = 2\pi f_{r0} = \frac{1}{\sqrt{L_r C_r}} \quad \cdots\cdots\cdots\cdots\cdots\cdots\cdots\cdots\cdots\cdots \text{(6-12)}$$

$$\omega_p = 2\pi f_{rp} = \frac{1}{\sqrt{(L_r + L_{mg}) C_r}} \quad \cdots\cdots\cdots\cdots\cdots \text{(6-13)}$$

ここで、ω_0 と ω_p は共振角周波数である。2つの共振周波数の間には $f_{r0} > f_{rp}$ の関係が成立する。

式 (6-12) は直列共振形コンバータの共振角周波数である式 (6-1) と同一であり、$f_s = f_{r0}$ (f_s はスイッチング周波数) 付近の周波数域では L_{mg} が共振動作にほとんど寄与しないことを意味する。つまり、LLC 共振タンクは直列共振タンクとして振る舞うため、$f_s \geq f_{r0}$ の領域では LLC コンバータは直列共振形コンバータと同様の特性を示す。一方、f_{rp} よりも低周波の領域では、6.2.5 節で述べた直列共振形コンバータの動作モードと同様、LLC 共振タンクは容量性を示し、ハードスイッチングにより大きな損失が生じる。よって、LLC コンバータは f_{rp} よりも高周波側で動作させる。以降では $f_{r0} > f_s > f_{rp}$ と $f_s > f_{r0}$ の2つの領域に分けて動作モードについて説明する。

6.3.3. 動作モード ($f_{r0} > f_s > f_{rp}$)

$f_{r0} > f_s > f_{rp}$ における LLC 共振形コンバータの動作波形ならびに動作モードを図 6-11 と図 6-12 にそれぞれ示す。合計8つのモードより構成されるが、前半と後半で動作の対称性が成立する。

Mode 1：v_{gsH} が与えられて Q_H はオン状態であり、$v_{QL} = V_{in}$ である。i_{Lr} は正の値であり、およそ正弦波状に変化する。トランス2次側回路では D_{cH} と D_{dL} が導通するため、$v_s = V_{out}$ となる。よって、L_{mg} の電圧は $v_{Lmg} = NV_{out}$ となり、i_{Lmg} は直線的に増加する。本モードは $i_{Lr} = i_{Lmg}$ となるまで継続する。

Mode 2：$i_{Lr} = i_{Lmg}$ となり、トランス 2 次側へ電流は伝送されなくなる。1 次側回路での LLC 共振タンクにおいて C_r と L_r と L_{mg} に直列に電流が流れる。すなわち、L_r と L_{mg} が C_r と共振する。

Mode 3：v_{gsH} を立ち下げて Q_H をターンオフすることで本モードが開始する。両方のスイッチともにオフ状態であり、i_{Lr}（$= i_{Lmg}$）は C_H と C_L を介して流れる。本モードの初期において C_H の電圧 v_{QH} は 0 であるが、i_{Lr} により C_H は充電され v_{QH} は上昇する。一方、Q_H と Q_L のレグは入力電源と接続されているため、これらのスイッチの合計電圧は常に V_{in} である（すなわち、$v_{QH} + v_{QL} = V_{in}$）。よって、v_{QH} が上昇すると同時に v_{QL} は下降する。これは、C_L が i_{Lr} によって放電されることに相当する。本モードでは i_{Lr} によって C_H の充電と C_L の放電が行われ、v_{QH} と v_{QL} は傾きをもって変化する。Q_H のチャネルを流れる電流 i_{QH} はターンオフにより急激に 0 となる一方、電圧 v_{QH} は傾きをもって上昇するため、ZVS ターンオフが達成される。本モードは、v_{QL} が 0 に達するまで継続される。

Mode 4：$v_{QL} = 0$ となると、D_L が順バイアス状態となり導通する。同時にトランス 2 次側回路では D_{cL} と D_{dH} が導通し始め、$v_s = -V_{out}$ となる。

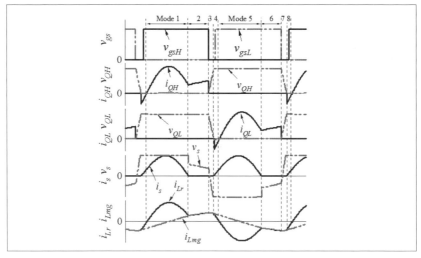

〔図 6-11〕LLC 共振形コンバータの動作波形 $(f_{r0} > f_s > f_{rp})$

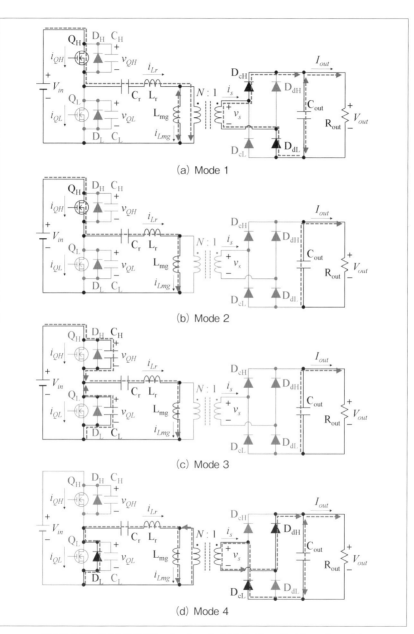

(a) Mode 1

(b) Mode 2

(c) Mode 3

(d) Mode 4

〔図 6-12〕 直列共振形コンバータの動作モード ($f_{r0} > f_s > f_{rp}$)

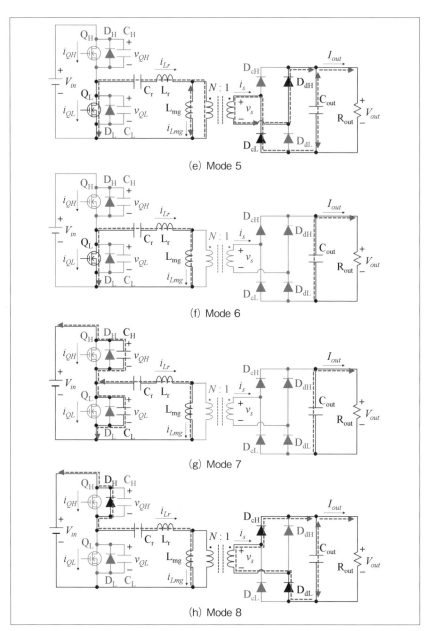

(e) Mode 5

(f) Mode 6

(g) Mode 7

(h) Mode 8

〔図6-12〕直列共振形コンバータの動作モード（$f_{r0} > f_s > f_{rp}$）

よって、$v_{Lmg} = -NV_{out}$ となり、i_{Lmg} は直線的に低下し始める。この時、i_{Lr} はおよそ正弦波状に変化する。i_{Lr} の極性が正から負に反転する前、すなわち D_L が導通しており $v_{QL} = 0$ の間に v_{gsL} を与えることで、Q_L を ZVS ターンオンする。

Mode 5：i_{Lr} の極性が反転し負の値となることで、Q_L にはドレインからソースの方向に電流が流れる。本モードにおける電流経路は i_{Lr} の極性を除いて Mode 4 と同様である。本モードは $i_{Lr} = i_{Lmg}$ となるまで継続する。

Mode 6：$i_{Lr} = i_{Lmg}$ となり、トランス 2 次側へ電流は伝送されなくなる。1 次側回路での LLC 共振タンクにおいて C_r と L_r と L_{mg} に直列に電流が流れる。すなわち、L_r と L_{mg} が C_r と共振する。

Mode 7：v_{gsL} を立ち下げて Q_L をターンオフすることで本モードが開始する。両方のスイッチともにオフ状態であり、i_{Lr} ($= i_{Lmg}$) は C_H と C_L を介して流れる。本モードの初期において C_L の電圧 v_{QL} は 0 であるが、i_{Lr} により C_L は充電され v_{QL} は上昇する。一方、Q_H と Q_L のレグは入力電源と接続されているため、これらのスイッチの合計電圧は常に V_{in} である。よって、v_{QL} が上昇すると同時に v_{QH} は下降する。これは、C_H が i_{Lr} によって放電されることに相当する。本モードでは i_{Lr} によって C_L の充電と C_H の放電が行われ、v_{QH} と v_{QL} は傾きをもって変化する。Q_L のチャネルを流れる電流 i_{QL} はターンオフにより急激に 0 となる一方、電圧 v_{QL} は傾きをもって上昇するため、ZVS ターンオフが達成される。本モードは、v_{QH} が 0 に達するまで継続される。

Mode 8：$v_{QH} = 0$ となると、D_H が順バイアス状態となり導通する。同時にトランス 2 次側回路では D_{cH} と D_{dL} が導通し始め、$v_s = V_{out}$ となる。よって、$v_{Lmg} = NV_{out}$ となり、i_{Lmg} は直線的に増加し始める。この時、i_{Lr} はおよそ正弦波状に変化し始める。i_{Lr} の極性が負から正に反転する前、すなわち D_H が導通しており $v_{QH} = 0$ の間に v_{gsH} を与えることで、Q_H は ZVS ターンオンする。

以上の一連の動作により、両方のスイッチを ZVS ターンオンならびにターンオフすることができる。また、図 6-11 から分かるように、

Mode 1～4 と Mode 5～8 の動作波形には対称性がある。動作の対称性を利用して、半周期分に対する解析から1周期全体の動作モードの把握ならびに解析ができる。

6.3.4. 動作モード $(f_s > f_{r0})$

$f_s > f_{r0}$ における LLC 共振形コンバータの動作波形を図6-13に示す。動作モードは図6-11に示したものと同様であるが、$i_{Lkg} = i_{Lmg}$ となる Mode 2 ならびに Mode 6 が存在しない点が異なる。i_{Lmg} を除き、図6-4で示した直列共振形コンバータの動作波形と同様であり、$f_s > f_{r0}$ の周波数域では LLC 共振形コンバータは直列共振形コンバータと類似の特性を示す。各モードの動作については 6.3.3 節のものと同一であるため、説明については割愛する。

6.3.5. 基本波近似による解析

6.2.4 節における直列共振形コンバータの解析と同様、基本波近似を用いて LLC 共振形コンバータの解析を行う。LLC 共振形コンバータのトランス1次巻線以降の回路ならびに動作波形は直列共振形コンバータのものと同一である。よって、トランス1次巻線以降の回路は6.2.4節

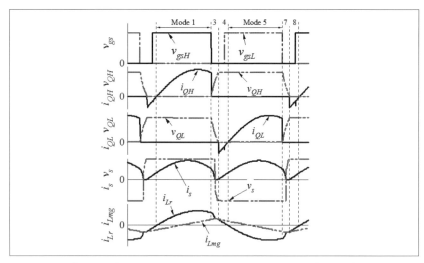

〔図6-13〕LLC 共振形コンバータの動作波形 $(f_s > f_{r0})$

で導出した式 (6-8) の等価抵抗 R_{eq} を用いて表すことができる。また、LLC 共振タンクに印加される電圧も直列共振形コンバータと同様であるため、その基本波成分の振幅 $V_{m.inv}$ は式 (6-9) により表される。以上のことから、LLC 共振形コンバータは図 6-14 に示す等価回路で表される。

LLC 共振形コンバータのゲインは、式 (6-6) と式 (6-9) より、$V_{m.inv}$ と $v_{m.p}$ の比を用いて次式で表される。

$$G = \frac{V_{out}}{V_{in}} = \frac{1}{2N}\frac{V_{m.p}}{V_{m.inv}} = \left|\frac{1}{1 + A\left(1 - \dfrac{\omega_0^2}{\omega^2}\right) + jQ_L\left(\dfrac{\omega}{\omega_0} - \dfrac{\omega_0}{\omega}\right)}\right|$$

$$= \frac{1}{\sqrt{\left[1 + A\left(1 - \dfrac{\omega_0^2}{\omega^2}\right)\right]^2 + \left[Q_L\left(\dfrac{\omega}{\omega_0} - \dfrac{\omega_0}{\omega}\right)\right]^2}}$$

$$\cdots (6\text{-}14)$$

ここで、A と Q_L は次式で定義される。

$$A = \frac{L_r}{L_{mg}} \qquad Q_L = \frac{1}{R_{eq}}\sqrt{\frac{L_r}{C_r}} = \frac{\omega_0 L_r}{R_{eq}} = \frac{1}{R_{eq}\,\omega_0 C_r} \qquad \cdots\cdots (6\text{-}15)$$

Q_L は R_{eq} を含んでおり、値が大きいほど重負荷に相当する。

式 (6-14) で表される LLC 共振形コンバータのゲイン G の特性を図 6-15 に示す。$N = 0.5$ とし、横軸は ω を ω_p で除した（f_s を f_{rp} で除した）正規化周波数である。G 特性は Q_L の値に大きく影響を受け、重負荷（すなわち Q_L の値が大きいとき）では G が低くなる傾向がある。$f_{r0} > f_s > f_{rp}$ の

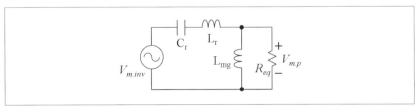

〔図 6-14〕LLC 共振形コンバータの等価回路

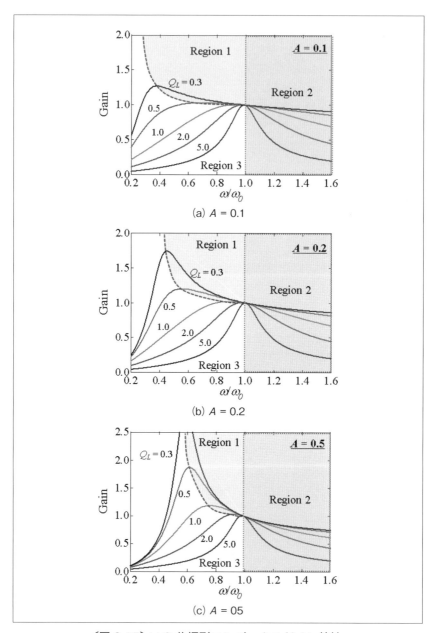

(a) *A* = 0.1

(b) *A* = 0.2

(c) *A* = 05

〔図 6-15〕LLC 共振形コンバータのゲイン特性

領域、すなわち $\omega_0 > \omega > \omega_p$ の領域では、Q_L の値によって $G > 1.0$ となる。$\omega/\omega_0 = 1$ のとき、Q_L の値に依存せず常に $G = 1.0$ となる。

　LLC コンバータの G 特性は 3 つの領域に分類され、領域によって動作波形が異なる。$\omega/\omega_0 < 1.0$ の領域で $G > 1$ となる Region 1 での動作波形は図 6-11 で示したものであり、ZVS 動作を達成できる。$\omega/\omega_0 > 1.0$ の領域で周波数と共に G が低下する Region 2 での動作波形は図 6-13 となる。動作波形は直列共振形コンバータと類似しており、この領域での LLC コンバータの G 特性は直列共振形コンバータと同様の傾向を示す $\omega/\omega_0 < 1.0$ での Region 3 は、共振タンクが容量性インピーダンスを示す領域であり、周波数の増加とともに G は増加する。共振タンクのインピーダンスが容量性となるとき ZVS を達成することができないため、一般的にはこの領域での動作は禁止される。

　L_r と L_{mg} の比である A の値を大きくするほど軽負荷（すなわち Q_L の値が小さい）で大きな G を得ることができる。しかし、A の値を大きくすると L_{mg} の電流 i_{Lmg} が相対的に大きくなり、軽負荷時に i_{Lmg} に起因するジュール損失が大きくなってしまう。一般的に、A は 0.1 〜 0.2 程度の値が選ばれる。

6.3.6. ZVS条件

　ZVS でのスイッチング動作を達成するためには、デッドタイム期間内に L_{mg} の電流 i_{Lmg} により C_H と C_L の充放電を完了させる必要がある。デッドタイム期間中において i_{Lmg} は一定値 I_{Lmg} であると仮定する。C_H と C_L の充放電に要する時間 T_t はデッドタイム期間 T_{dead} よりも短くなければならない。よって、T_{dead} と T_t は次の関係式を満たす必要がある。

$$T_{dead} \geq T_t = \frac{(C_{ossH} + C_{ossL})\,V_{in}}{I_{Lmg}} \quad \cdots\cdots\cdots\cdots\cdots\cdots\cdots (6\text{-}16)$$

　この条件が満たされないとき、C_H と C_L の充放電が完了する前にハードスイッチングでターンオンが行われ、大きなスイッチング損失が生じる。

参考文献

1）M.K. Kazimierczuk and D. Czarkowski, Resonant power converters, New Jersey: Wiley, 2011.

7

スイッチトキャパシタ
コンバータ

5章ではコンバータの小型化を達成するにはインダクタよりも高エネルギー密度のデバイスであるコンデンサを利用することが有効であり、コンデンサを用いた電力変換回路としてスイッチトキャパシタコンバータと呼ばれる回路が存在することを述べた。本章では、スイッチトキャパシタコンバータの基礎について解説する。

7.1. 概要

　スイッチトキャパシタコンバータ（SCC: Switched Capacitor Converter）
はスイッチとコンデンサのみを主回路部品として用いた電力変換器であ
る。SCC ではインダクタの電圧 - 時間積を利用した電力変換ができない
ため、基本的には入出力電圧変換比が固定の電力変換器、すなわち分圧
回路もしくは倍電圧回路として振る舞う。ただし、7.3 節で述べるように、
定常状態におけるコンデンサの充放電電荷量がスイッチング周波数に依
存することを利用し、周波数変調（PFM: Pulse Frequency Modulation）を
用いて入出力電圧比を調節することも可能である。しかし、PFM によ
る SCC の出力電圧制御は損失が大きくなる傾向があるため、応用は低
電力用途に限定される。

　スイッチとコンデンサの組み合わせにより各種の回路方式を得ること
ができ、次節で述べるように方式に応じて固有の特徴を有する。また、
回路中で用いるスイッチとコンデンサの数を増やすことで構成を拡張
し、入出力電圧変換比を大きく（もしくは小さく）することもできる。

　スイッチングと共にコンデンサの直列および並列接続が切り替えら
れ、コンデンサ同士が充放電を行うことで動作する。一般的にコンデン
サは電圧源と見なすことができるが、コンデンサ同士がスイッチを介し
て直接接続される際に大きな突入電流が流れる。これにより、ノイズの
問題を引き起こす恐れがある。入出力電力の増加とともにノイズによる
悪影響は顕著となるため、大きな電力用途においては次章で解説する共
振形や位相シフト方式など、突入電流を防止できる方式が望ましい。

7.2. SCC の代表的な回路構成

　代表的な SCC の回路方式を図 7-1 に示す。いずれの回路もスイッチと
コンデンサから成る単位回路を複数段接続することで構成される。図 7-1
の回路はいずれも 3 段構成（$C_1 \sim C_3$ のコンデンサを有する）であり、
入力電圧 V_{in} を整数倍して V_{out} として出力する昇圧タイプの回路である。
Q_A と Q_B を交互に 50% のデューティで駆動することで、方式と段数に
応じた V_{out} を得ることができる。本章で示す SCC はダイオードを含ま
ない回路であるため、図 7-1 の回路における入力電源 V_{in} と負荷抵抗を
入れ替えることで降圧タイプの SCC として用いることもできる。本章
では昇圧タイプの構成についてのみ取り扱う。

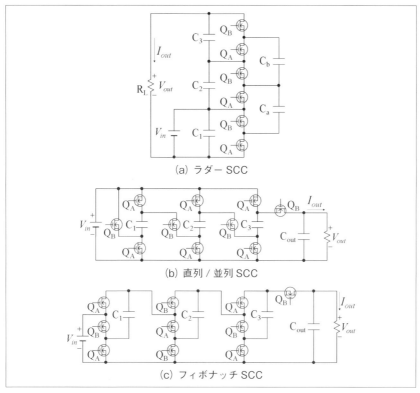

(a) ラダー SCC

(b) 直列 / 並列 SCC

(c) フィボナッチ SCC

〔図 7-1〕スイッチトキャパシタコンバータの代表的回路構成

　SCC は回路方式に応じて固有の特徴を有する。例えば、ある方式では回路中素子の電圧ストレスが全て均一であるため回路設計が比較的容易であり、また、ある方式は少ないコンデンサ数で高い昇圧比を達成することができる。また、SCC の入出力電圧変換比は各回路を構成するコンデンサ数、すなわち段数に大きく依存する。よって、用途や仕様に応じて適切な回路構成ならびに段数を選定する必要がある。

　いずれの SCC 回路方式でもスイッチングに伴いコンデンサの接続状態が切り替わり、それと共に各コンデンサ間で充放電が行われる。このコンデンサ間の充放電の振る舞いはスイッチング周期 T_s と回路時定数の関係により大きく変化し、これが SCC の特性に大きな影響を与える。よって、SCC ではコンデンサの充放電の振る舞いを理解することが重要である。7.3 節ではコンデンサ単体の充放電特性の詳細について述べる。

7.3．基本回路の解析

　前節で述べたように、SCC は方式に応じて固有の特徴を有する。しかし、いずれの方式においても、スイッチを介して高周波でコンデンサの充放電が行われることで、回路全体として昇圧もしくは降圧の電力変換を実現する。よって、SCC の本質を理解するためにはコンデンサ単体の充放電動作に焦点を当てる必要がある。ここでは、コンデンサの時定数を考慮せずスイッチング毎に完全に定常状態になると仮定した簡易モデルと、コンデンサの時定数を考慮した詳細モデルについて解説する。

7.3.1．簡易モデル

　本節では図 7-2 に示す SCC の基礎回路を用いて簡易解析を行う。この基礎回路では Q_{aH} と Q_{aL} をオンすることで入力電圧源 V_{in} で C を充電し、Q_{bH} と Q_{bL} をオンすることで C から負荷に向かって放電する。入出力電圧変換比は 1.0 である。

　基礎回路の動作波形ならびに動作モードを図 7-3 と図 7-4 にそれぞれ示す。SCC におけるスイッチは一般的に 50% のデューティで駆動されるため、各々のモードの長さはスイッチング周期 T_s（$= 1/f_s$）の半分（すなわち $T_s/2$）と等しい。コンデンサの充放電は静電容量 C と充電および放電の経路に含まれる抵抗成分の総和 R の積で表わされる時定数 $\tau(= C \times R)$ により、コンデンサの充放電の応答速度が決定される。本節の簡易解析では、$T_s/2$ が τ よりも十分長い $(T_s/2 \gg \tau)$ と仮定する。$T_s/2 \gg \tau$ の条件下では、C に大きな突入電流が流れる。

　Mode 1：Q_{aH} と Q_{aL} がオンであり、コンデンサの電圧 $v_c(t)$ ならびに電

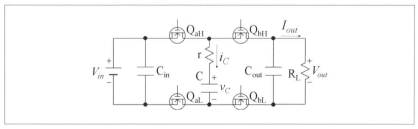

〔図 7-2〕SCC の基礎回路

流 $i_c(t)$ は次式で表される。

$$v_c(t) = V_{in} - (V_{in} - V_{out})\, e^{-\frac{t}{\tau}} \quad \cdots\cdots\cdots\cdots\cdots\cdots\cdots\cdots \quad (7\text{-}1)$$

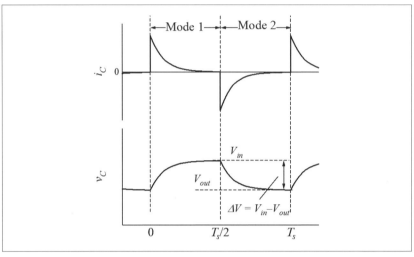

〔図 7-3〕コンデンサの電流と電圧波形（$T_s/2 \gg \tau$）

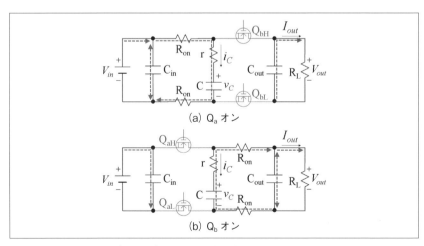

〔図 7-4〕SCC 基礎回路の動作モード

$$i_c(t) = \frac{V_{in} - V_{out}}{R}e^{-\frac{t}{\tau}} \quad \cdots\cdots\cdots\cdots\cdots\cdots\cdots\cdots\cdots \quad (7\text{-}2)$$

ここで、R はコンデンサの充電および放電電流経路の抵抗総和であり、$R = r + 2R_{on}$ で与えられる（r は C の等価直列抵抗、R_{on} はスイッチのオン抵抗）。簡易解析では $T_s/2 \gg \tau$ であるため、Mode 1 の末期における $v_c(t)$ と $i_c(t)$ は次式となる。

$$\lim_{t \to \frac{T_s}{2}} v_c(t) = V_{in} \quad \cdots\cdots\cdots\cdots\cdots\cdots\cdots\cdots\cdots \quad (7\text{-}3)$$

$$\lim_{t \to \frac{T_s}{2}} i_c(t) = 0 \quad \cdots\cdots\cdots\cdots\cdots\cdots\cdots\cdots\cdots \quad (7\text{-}4)$$

Mode 2：Q_{bH} と Q_{bL} がオンとなり、$v_c(t)$ と $i_c(t)$ は次式で表される。

$$v_c\left(t - \frac{T_s}{2}\right) = V_{out} - (V_{out} - V_{in})e^{-\frac{t-\frac{T_s}{2}}{\tau}} \quad \cdots\cdots\cdots\cdots \quad (7\text{-}5)$$

$$i_c\left(t - \frac{T_s}{2}\right) = \frac{-V_{in} + V_{out}}{R}e^{-\frac{t-\frac{T}{2}}{\tau}} \quad \cdots\cdots\cdots\cdots\cdots \quad (7\text{-}6)$$

Mode 2 の末期において $v_c(t)$ と $i_c(t)$ は、

$$\lim_{t \to T} v_c\left(t - \frac{T_s}{2}\right) = V_{out} \quad \cdots\cdots\cdots\cdots\cdots\cdots\cdots \quad (7\text{-}7)$$

$$\lim_{t \to T} i_c\left(t - \frac{T_s}{2}\right) = 0 \quad \cdots\cdots\cdots\cdots\cdots\cdots\cdots \quad (7\text{-}8)$$

入力電源 V_{in} から C を経由して負荷へと伝送される電荷量 Q は、v_c の変動幅 ΔV_C を用いて、

$$Q = C(V_{in} - V_{out}) = C\Delta V_C \quad \cdots\cdots\cdots\cdots\cdots\cdots\cdots \quad (7\text{-}9)$$

よって、C を経て負荷へと流れる電流 I_c は、

$$I_c = \frac{Q}{T_s} = Qf_s = Cf_s(V_{in} - V_{out}) \quad \cdots\cdots\cdots\cdots\cdots \quad (7\text{-}10)$$

式 (7-10) を変形して、

$$V_{in} - V_{out} = \frac{I_c}{Cf_s} = I_c R_{eq} \quad \cdots\cdots\cdots\cdots\cdots\cdots\cdots \text{(7-11)}$$

ここで、R_{eq} は次式で表される SCC の等価抵抗である。

$$R_{eq} = \frac{1}{Cf_s} \quad \cdots\cdots\cdots\cdots\cdots\cdots\cdots\cdots\cdots \text{(7-12)}$$

式 (7-11) より図 7-5 の等価回路が導かれる[1]。入力電源 V_{in} と負荷抵抗は R_{eq} と理想トランスを介して接続される。理想トランスの巻数比はSCC の回路構成により決定される入出力電圧変換比に相当し、図 7-2 の基礎回路では 1:1 である。

負荷への電流は R_{eq} を介して流れるため、R_{eq} の値に応じた電圧降下が発生する。式 (7-12) の通り R_{eq} は f_s に反比例するため、PFM 制御により R_{eq} の値を調節することで出力電圧 V_{out} をある程度制御することができる。しかし、R_{eq} の値を大きくすると損失が増大してしまうため、PFM 制御による V_{out} 調節は大きな出力電力が要求される用途には適当ではない。

高効率の電力変換を達成する為には、式 (7-12) より、Cf_s の値を大きくすることで R_{eq} の値を下げる必要がある。R_{eq} の値を低くすると（即ち R_{eq} における電圧降下が小さい）、必然的に SCC は回路構成により決定される固定の入出力電圧変換比（すなわち理想トランスの巻数比）で動作することになる。これが、SCC が一般的に固定の入出力電圧変換比で動作する所以である。また、図 7-5 から分かるように、R_{eq} における電圧降下により、V_{out} は固定電圧比よりも必ず若干低い値となる。

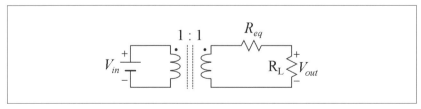

〔図 7-5〕SCC の等価回路

7.3.2. 詳細モデル

前節では $T_s/2$ が τ よりも十分長い $(T_s/2 \gg \tau)$ と仮定することで解析を簡素化したが、本節では τ の影響も含めた SCC 等価抵抗の詳細モデルの導出を行う。

$T_s/2 \approx \tau$ における $v_c(t)$ と $i_c(t)$ の波形を図 7-6 に示す。動作モードについては図 7-4 と同様である。Mode 1 と 2 における $v_c(t)$ は次式で表される。

$$v_c(t) = \begin{cases} V_{in} - (V_{in} - V_A)e^{-\frac{t}{\tau}} & (Mode\,1) \\ V_{out} - (V_{out} - V_B)e^{-\frac{t-\frac{T_s}{2}}{\tau}} & (Mode\,2) \end{cases} \qquad \cdots\cdots\cdots\cdots (7\text{-}13)$$

ここで、V_A と V_B はそれぞれ Mode 1 と Mode 2 における v_c の初期電圧値である。C の電圧変動 ΔV_C は式 (7-13) から求められる。

$$\Delta V_c = V_B - V_A = \frac{1 - e^{-\frac{1}{2\tau f_s}}}{1 + e^{-\frac{1}{2\tau f_s}}} (V_{in} - V_{out}) \qquad \cdots\cdots\cdots\cdots\cdots (7\text{-}14)$$

ここで得られた ΔV_C より、C を経て負荷へと流れる電流 I_c が次式のように求められる。

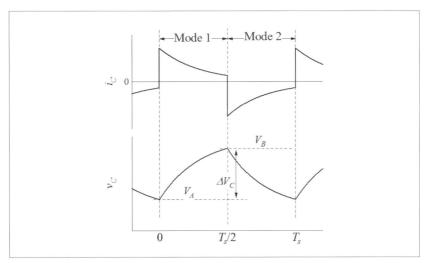

〔図 7-6〕 コンデンサの電流と電圧波形 $(T_s/2 \approx \tau)$

$$I_c = \frac{C\Delta V_c}{T_s} = Cf_s \frac{1 - e^{-\frac{1}{2\tau f_s}}}{1 + e^{-\frac{1}{2\tau f_s}}}(V_{in} - V_{out}) \quad \cdots\cdots\cdots\cdots\cdots (7\text{-}15)$$

式 (7-15) を変形することで等価抵抗 R_{eq} が導かれる[2]。

$$R_{eq} = \frac{V_{in} - V_{out}}{I_c} = \frac{1}{Cf_s} \frac{1 + e^{-\frac{1}{2\tau f_s}}}{1 - e^{-\frac{1}{2\tau f_s}}} \quad \cdots\cdots\cdots\cdots\cdots (7\text{-}16)$$

R_{eq} の周波数依存性を図 7-7 に示す。R_{eq} の特性は折点周波数 $f_{cnr} = 1/\tau$ を境に低周波域の SSL（Slow Switching Limit）と高周波域の FSL（Fast Switching Limit）に分けられる[3, 4]。SSL の領域では R_{eq} は f_s に反比例し、およそ $1/Cf_s$ で近似できる。また、SSL ではスイッチング時において大きな突入電流が流れる。これらの特徴は前節で述べた簡易モデルと同様であり、すなわち SSL の領域では簡易モデルで表すことができることを意味している。一方、FSL の領域においては、R_{eq} は f_s の上昇と共に $4R$ に漸近し、静電容量 C とは無関係の値となる。また、FSL での電流波形は方形波状となる。

前節で述べたように、高効率の電力変換を達成するには R_{eq} の値を下げる必要があるため、FSL 領域での動作が望ましい。しかし、図 7-7 の特性より f_{cnr} よりも高周波側の FSL 領域ではいくら周波数を上げても大

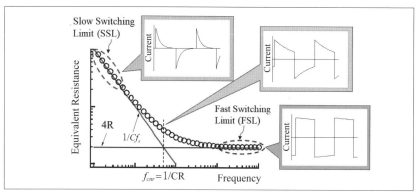

〔図 7-7〕等価抵抗 R_{eq} の周波数依存性

幅な R_{eq} の低下は見込めない。不必要に周波数を高めると、ゲートドライブの損失 P_{drive} や C_{oss} の充放電に起因する損失 P_{Coss} が増大し（4.3 節参照）、電力変換効率の低下を招く。よって、f_{cnr} が高効率動作を行う上での動作周波数の目安となる。また、PFM 制御により R_{eq} の値および出力電圧 V_{out} を調節する場合は、R_{eq} が周波数に依存する SSL 領域で動作させる必要がある。

7.4. SCC 回路の解析

　本節では、図 7-1 で示した各 SCC 方式の動作について述べる。回路構成は異なるものの、いずれの方式でもスイッチングによりコンデンサの接続状態が切り替えられることで各コンデンサの充放電が行われる。その際の電流ならびに電圧の過渡変化は 7.3 節で解説したものと同様である。

7.4.1. ラダー SCC

7.4.1.1. 特徴

　図 7-1 (a) のラダー SCC を構成する全てのコンデンサの電圧は理想的には等しくなる。また、各コンデンサにはスイッチ Q_A と Q_B が並列に接続されるため、スイッチの電圧ストレスはコンデンサ電圧と等しい。このように、ラダー SCC を構成する全てのコンデンサとスイッチの電圧ストレスは等しいため、素子選定は比較的容易である。しかし、次節以降で述べる直列 / 並列方式やフィボナッチ方式と比較して、同じコンデンサ数あたりの昇圧比（もしくは降圧比）が小さいため、高い昇圧比（もしくは降圧比）が求められる用途では多数のコンデンサが必要となる。例えば、図 7-1 (a) の 3 段構成ではコンデンサは 5 個必要であり、昇圧比は 3.0 である。n 段構成では $2n-1$ 個のコンデンサ数に対して昇圧比は n となる。

　図 7-1 (a) の回路構成は入力電源が C_1 と接続された構成であるが、他のコンデンサのノードに電源を接続することもできる。例えば、図 7-8 の構成では C_2 と C_3 の接続点に入力電源が接続されているが、この構成においても回路中の全てのコンデンサの電圧は等しくなる。すなわち、V_{in} は C_1 と C_2 により 1/2 に分圧され、回路中の全てのコンデンサ電圧は $V_{in}/2$ となる。V_{out} は $3V_{in}/2$ となるため、昇圧比は 1.5 である。このように、ラダー SCC では入力および出力端子を接続する場所に応じて昇圧比（もしくは降圧比）を調節することができる。

7.4.1.2. 動作概要

　図 7-1 (a) で示した 3 段構成のラダー SCC の動作モードを図 7-9 に示す。本回路では C_1 は入力電源 V_{in} と常時接続されており、負荷抵抗 R_L

は3直列のコンデンサ C_1 ～ C_3 と並列接続である。

Mode A：Q_A がオンとなり、C_1 と C_a ならびに C_2 と C_b がそれぞれ並列に接続される。このとき、並列接続されるコンデンサ間で充放電が行われるが、コンデンサの直列合成容量と電流ループの抵抗和の積で表される時定数により充放電電流の特性が決定される。すなわち、7.3.1 節ならびに 7.3.2 節での C や R の値が合成容量や抵抗和に相当する。並列接続されるコンデンサの電圧はおおよそ等しくなる。

Mode B：Q_B がオン状態となり、C_2 は C_a と、C_3 は C_b とそれぞれ並列に接続される。すなわち、Mode A とは異なる組み合わせでコンデンサが並列接続される。Mode A と同様で、Mode B におけるコンデンサの充

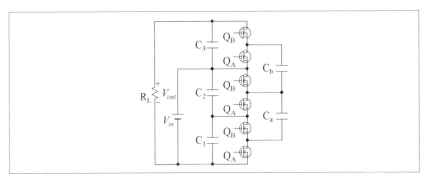

〔図 7-8〕昇圧比が 1.5 のラダー SCC

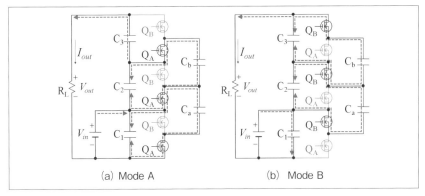

(a) Mode A   (b) Mode B

〔図 7-9〕ラダー SCC の動作モード

放電電流の応答は合成容量と抵抗和の時定数で特徴づけられる。

　Mode A と Mode B を高周波で切り替えることで、ラダー SCC を構成する全てのコンデンサは等的に並列接続されることになる。C_1 は入力電源と常時並列接続されているため、その電圧は V_{in} である。よって、全てのコンデンサの電圧は理想的には V_{in} で等しくなるため、出力電圧 V_{out} はおよそ $3V_{in}$ となる。しかし、実際には回路中の抵抗成分での電圧降下やコンデンサの電圧不均一により、V_{out} は $3V_{in}$ よりも幾分低い値となる。

　ラダー SCC を図 7-5 の等価回路に当てはめた場合、理想トランスの巻き数比は 1:3 であり、R_{eq} はラダー SCC を構成する全てのコンデンサの R_{eq} の総和に相当する [1]。無負荷時にはおよそ $V_{out} = 3V_{in}$ となるが、重負荷となり出力電流が増加するにつれて R_{eq} での電圧降下が大きくなり、V_{out} は $3V_{in}$ よりも小さくなり電力変換効率も低下する。

7.4.1.3. 電荷移動解析

　ラダー SCC におけるコンデンサには同一の電流が流れるわけではなく、場所によって電流ストレスが異なる。動作時において各々のコンデンサに流れる電流は電荷移動解析により求めることができる [1,5]。電荷移動解析では、各モードにおいてコンデンサに流れ込む電荷量を図 7-10 のように定義する。定常状態では各コンデンサの充電電荷量と放電電荷

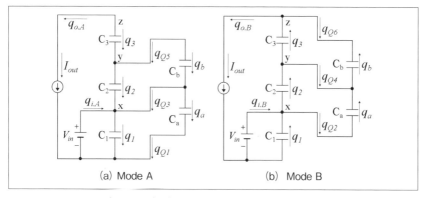

〔図 7-10〕各モードにおける電荷フロー

量は必ず等しくなる。つまり、Mode A においてあるコンデンサに電荷量 q が流入すれば、Mode B では電荷量 q が流出する。よって、図 7-10 に示すように、各コンデンサにおける電荷移動は Mode A と Mode B で逆方向となる。

図 7-10 (a) の Mode A では、ノード x ～ z におけるキルヒホッフの電流法則より次式が得られる。

$$\begin{cases} 0 = -q_1 + q_2 - q_a + q_b + q_{i.A} \\ \quad 0 = -q_2 + q_3 - q_b \\ \qquad 0 = -q_3 - q_{o.A} \end{cases} \quad \cdots\cdots\cdots\cdots\cdots\cdots\cdots (7\text{-}17)$$

ここで、$q_{i.A}$ は Mode A で入力電源から供給される電荷量、$q_{o.A}$ は負荷に対して移動する電荷量である。同様に、図 7-10 (b) でノード x ～ z におけるキルヒホッフの電流法則より、

$$\begin{cases} 0 = +q_1 - q_2 - q_a + q_{i.B} \\ 0 = +q_2 - q_3 + q_a - q_b \\ 0 = +q_3 + q_b - q_{o.B} \end{cases} \quad \cdots\cdots\cdots\cdots\cdots\cdots\cdots (7\text{-}18)$$

$q_{i.B}$ と $q_{o.B}$ はそれぞれ Mode B において入力電源からの供給電荷量、負荷に向かって移動する電荷量である。

C_1 は常に電圧源 V_{in} と並列接続されており、電圧変動はないと仮定できる。すなわち dV_{C1}/dt であり、電荷移動は発生しない。

$$0 = q_1 \quad \cdots\cdots\cdots\cdots\cdots\cdots\cdots\cdots\cdots\cdots\cdots\cdots\cdots\cdots\cdots (7\text{-}19)$$

負荷には一定電流が流れると仮定する（定電流負荷と見なす）と、Mode A と Mode B で負荷に向かって移動する電荷量は等しいため、次式が成立する。

$$0 = q_{o.A} - q_{o.B} \quad \cdots\cdots\cdots\cdots\cdots\cdots\cdots\cdots\cdots\cdots\cdots (7\text{-}20)$$

便宜的に、1 スイッチング周期において負荷に供給される電荷量は 1 であるとする。

$$1 = q_{o.A} + q_{o.B} \quad \cdots\cdots\cdots\cdots\cdots\cdots\cdots\cdots\cdots\cdots\cdots (7\text{-}21)$$

ここまで得られた式は、次の行列・ベクトル表現でまとめられる。

$$
\begin{bmatrix} 0 \\ 0 \\ 0 \\ 0 \\ 0 \\ 0 \\ 0 \\ 0 \\ 1 \end{bmatrix} = \begin{bmatrix} -1 & 1 & 0 & -1 & 1 & 1 & 0 & 0 & 0 \\ 0 & -1 & 1 & 0 & -1 & 0 & 0 & 0 & 0 \\ 0 & 0 & -1 & 0 & 0 & 0 & 0 & -1 & 0 \\ 1 & -1 & 0 & -1 & 0 & 0 & 1 & 0 & 0 \\ 0 & 1 & -1 & 1 & -1 & 0 & 0 & 0 & 0 \\ 0 & 0 & 1 & 0 & 1 & 0 & 0 & 0 & -1 \\ 1 & 0 & 0 & 0 & 0 & 0 & 0 & 0 & 0 \\ 0 & 0 & 0 & 0 & 0 & 0 & 0 & 1 & -1 \\ 0 & 0 & 0 & 0 & 0 & 0 & 0 & 1 & 1 \end{bmatrix} \begin{bmatrix} q \\ q \\ q \\ q \\ q \\ q_{i.A} \\ q_{i.B} \\ q_{o.A} \\ q_{o.B} \end{bmatrix} \quad \cdots\cdots (7\text{-}22)
$$

この式を解くことで、各コンデンサの電荷移動量を個別に求めることができる。具体的にこれらの値を算出すると、$[q_1, q_2, q_3, q_a, q_b, q_{i.A}, q_{i.B}, q_{o.A}, q_{o.B}]^T = [0, -1.5, -0.5, 2, 1, 2.5, 0.5, 0.5, 0.5]^T$ となり、各コンデンサの電荷移動量は異なることが分かる。

上記では各コンデンサの電荷移動量の比を求めるために便宜的に式 (7-21) で負荷への供給電荷量 ($1 = q_{o.A} + q_{o.B}$) を定義したが、実際には次式となる。

$$
I_{out} = (q_{o.A} + q_{o.B})f_s \quad \cdots\cdots\cdots\cdots\cdots\cdots\cdots\cdots\cdots\cdots (7\text{-}23)
$$

この関係を式 (7-22) に当てはめることで、各コンデンサの充放電電荷量を算出することができる。

7.4.2. 直列 / 並列 SCC

7.4.2.1. 特徴

直列 / 並列方式における全てのコンデンサは、Mode A で入力電圧 V_{in} で充電されるため、電圧ストレスは全て V_{in} で均一となる。しかし、スイッチの電圧ストレスは電気的位置に応じて異なる。例えば、$C_1 \sim C_3$ の左側に位置する Q_B には Mode A において V_{in} の電圧ストレスがかかる。しかし右端の Q_B には $V_{out} - V_{in}$ の電圧ストレスがかかるため、他の Q_B と比べて高耐圧スイッチを用いる必要がある。更に、Q_A については位置によって全て電圧ストレスが異なるため、素子毎に電圧ストレスについて考慮する必要がある。

昇圧比は図 7-1 (b) の 3 段構成において 4.0 であり、コンデンサ数は 3 である。n 段構成ではコンデンサ n 個、昇圧比は $n + 1$ となり、前述

のラダー SCC よりも同じコンデンサ数あたり高い昇圧比を達成することができる。

7.4.2.2. 動作概要

図 7-1（b）に示した直列 / 並列 SCC は、1 つのコンデンサと 3 つのスイッチ（2 つの Q_A と 1 つの Q_B）を含む単位回路を複数段接続することで構成される。全ての単位回路の動作タイミングは同期しており、Q_A がオンのときに全コンデンサは並列接続され、Q_B がオンのタイミングでコンデンサは直列に接続される。

図 7-1（b）で示した 3 段構成の直列 / 並列 SCC の動作モードを図 7-11 に示す。Q_A がオンとなる Mode A では、コンデンサ $C_1 \sim C_3$ は入力電源と並列接続され、V_{in} の電圧で充電される。よって、各コンデンサの電圧 $V_{C1} \sim V_{C3}$ は、

$$V_{C1} = V_{C2} = V_{C3} = V_{in} \quad\cdots\cdots\cdots\cdots\cdots\cdots\cdots\cdots\cdots\cdots\cdots\cdots \quad (7\text{-}24)$$

Q_B がオンとなる Mode B では V_{in} と $C_1 \sim C_3$ は直列接続され、これらの電圧和が負荷および出力コンデンサ C_{out} に印加される。

$$V_{out} = V_{C1} + V_{C2} + V_{C3} + V_{in} = 4V_{in} \quad\cdots\cdots\cdots\cdots\cdots\cdots\cdots\cdots \quad (7\text{-}25)$$

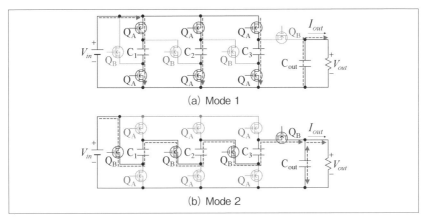

(a) Mode 1

(b) Mode 2

〔図 7-11〕直列 / 並列 SCC の動作モード

理想的な出力電圧は $V_{out} = 4V_{in}$ であるが、7.4.1 節で説明したラダー SCC と同様、実際には等価抵抗での電圧降下により V_{out} は $4V_{in}$ よりも幾分低い電圧値となる。

ラダー SCC と同様、直列 / 並列 SCC におけるコンデンサの電荷移動量は電荷移動解析より求めることができる。しかし、図 7-11 の動作モードから分かるように、電荷移動解析を用いずとも各コンデンサの電荷移動量を比較的簡単に算出することができる。$C_1 \sim C_3$ は Mode B では直列に放電されるため、これらの充放電電荷量は等しくなる。各コンデンサが Mode B で負荷と C_{out} に対して供給する電荷量 q とすると、負荷電流は $I_{out} = q/T_s$ である。

7.4.3. フィボナッチ SCC

7.4.3.1. 特徴

他方式の SCC と比較して、同じコンデンサ数あたり最も高い昇圧比（もしくは降圧比）を達成することができる。しかし、コンデンサとスイッチともに電圧ストレスが異なるため、素子選定が複雑化する傾向にある。C_1 の電圧は V_{in}、C_2 は $2V_{in}$、C_3 は $3V_{in}$ といった具合に増加してゆくため、全てのコンデンサの耐圧を個別に考慮して素子を選定する必要がある。これはスイッチについても同様である。

昇圧比については図 7-1 (c) の 3 段構成では 5.0 である。4 段や 5 段へと回路を拡張した場合は 8.0、13.0 といった具合に上昇し、昇圧比はフィボナッチ数列で表すことができる。他方式の SCC と比べて同じコンデンサ数あたりの昇圧比をもっとも高められるため、高い入出力電圧比が要求される用途に適する。

7.4.3.2. 動作概要

図 7-1 (c) に示したフィボナッチ SCC は、1 つのコンデンサと 3 つのスイッチから成る単位回路を複数段接続することで構成される。しかし、隣接する単位回路の動作タイミングは反転している。例えば、C_1 もしくは C_3 を含む単位回路は 2 つの Q_A と 1 つの Q_B から構成される一方、C_2 を有する単位回路は 1 つの Q_A と 2 つの Q_B を有する。このような回路構成により、各コンデンサにかかる電圧は段数と共にフィボナッチ数

列的に上昇し、他方式と比較して同数のコンデンサあたりで高い昇圧比を達成することができる。

図7-1（c）で示したフィボナッチSCCの動作モードを図7-12に示す。Q_AがオンとなるMode Aでは、C_1はV_{in}により充電される。一方、C_2はV_{in}と直列接続となりC_3を充電する。Mode Aにおける各コンデンサの電圧は次式で与えられる。

$$\begin{cases} V_{C1} = V_{in} \\ V_{C3} = V_{C1} + V_{C2} \end{cases} \quad \cdots\cdots\cdots\cdots\cdots\cdots\cdots\cdots\cdots\cdots\cdots\cdots \quad (7\text{-}26)$$

Mode Bでは、C_2はV_{in}とC_1の直列接続により充電される。また、出力電圧V_{out}はC_2とC_3の電圧和に相当する。よって、

$$\begin{cases} V_{C2} = V_{in} + V_{C1} = 2V_{in} \\ V_{out} = V_{C2} + V_{C3} = 5V_{in} \end{cases} \quad \cdots\cdots\cdots\cdots\cdots\cdots\cdots\cdots\cdots\cdots \quad (7\text{-}27)$$

これらの2つの式より、コンデンサの電圧はV_{in}、$2V_{in}$、$3V_{in}$、$5V_{in}$といった具合に、段数と共にフィボナッチ数列的に上昇してゆく。3段構成の例では$V_{out} = 5V_{in}$であるが、4段や5段へと回路構成を拡張した場合は$V_{out} = 8V_{in}$、$V_{out} = 13V_{in}$となる。これらのV_{out}は理想動作時の電圧であり、フィボナッチSCCも他方式と同様、実際には等価抵抗での電圧降下によりV_{out}は理想値よりも若干低い電圧値となる。

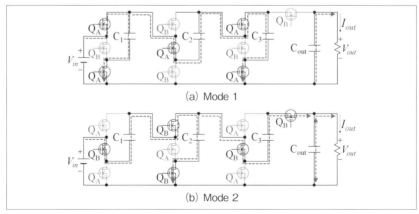

(a) Mode 1

(b) Mode 2

〔図7-12〕フィボナッチSCCの動作モード

参考文献

1) M. D. Seeman and S. R. Sanders, "Analysis and optimization of switched-capacitor dc-dc converters," IEEE Trans. Power Electron., vol. 23, no. 2, pp. 841–851, Mar. 2008.

2) G. V. Piqué, H. J. Bergveld, and E. Alarcón, "Survey and benchmark of fully integrated switching power converters: switched-capacitor versus inductive approach," IEEE Trans. Power Electron., vol. 28, no. 9, pp. 4156–4167, Sep. 2013.

3) M. Evzelman and S. B. Yaakov, "Average-current-based conduction losses model of switched capacitor converters," IEEE Trans. Power Electron., vol. 28, no. 7, pp. 3341–3352, Jul. 2013.

4) M. D. Seeman and S. R. Sanders, "Analysis and optimization of switched-capacitor dc-dc converters," IEEE Trans. Power Electron., vol. 23, no. 2, pp. 841–851, Mar. 2008.

5) B. Oraw and R. Ayyanar, "Load adaptive, high efficiency, switched capacitor intermediate bus converter," in Proc. IEEE Int. Telecommun. Energy Conf., INTELEC' 07, pp. 1872–1877, 2007.

8

スイッチトキャパシタ
コンバータの
応用回路

7章では主回路がコンデンサとスイッチのみで構成されるスイッチト
キャパシタコンバータ（SCC）の回路構成例と動作原理について述べた。
しかし、SCCの入出力電圧変換比は、基本的には回路構成や段数で決
定される固定値であり、この固定値から離れると電力変換効率が著しく
低下してしまう。また、スイッチング時に大きな突入電流が流れること
でノイズの問題を引き起こす恐れがある。これらの課題を解決可能な応
用方式として、本章ではハイブリッドSCC、位相シフトSCC、共振形
SCCの基礎について解説する。

8.1. ハイブリッド SCC
8.1.1. 回路構成と特徴

　ハイブリッド SCC は、2章で述べたチョッパ回路と SCC を組み合わせた回路構成に相当する。例として、2段の降圧タイプのラダー SCC と降圧チョッパを組み合わせたハイブリッド SCC を図 8-1 (a) に示す。ラダー SCC 内の C_1 と並列接続されたスイッチ Q_A と Q_B のノードにインダクタ L を接続することで降圧チョッパを構成する。よって、降圧

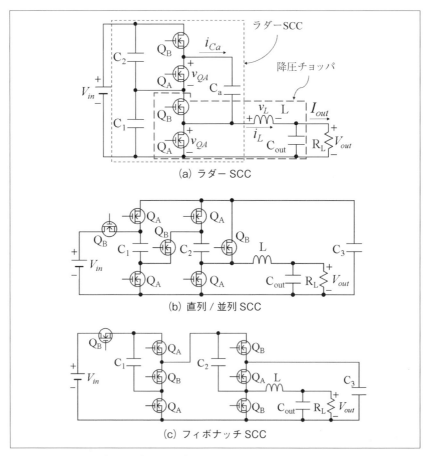

(a) ラダー SCC

(b) 直列 / 並列 SCC

(c) フィボナッチ SCC

〔図 8-1〕ハイブリッド SCC の回路構成例

チョッパ部から見れば C_1 は入力電圧源に相当する。図 8-1 (a) のハイブリッド SCC は、SCC と降圧チョッパを Q_A と Q_B を共有させた回路構成と見なすことができる。

ハイブリッド SCC では、降圧チョッパ部を用いて出力電圧 V_{out} の PWM 制御が可能である。すなわち、Q_A と Q_B は相補的に駆動され、そのデューティを操作する。これにより、SCC 部のデューティも変動することになるが、デューティが 50% でない場合においても SCC 内における全てのコンデンサ (C_1、C_2、C_a) の電圧は理想時において均一となる。入力電圧 V_{in} は C_1 と C_2 により 1/2 に分圧されるため、降圧チョッパ部はあたかも入力電圧が $V_{in}/2$ のチョッパとして振る舞う。

ハイブリッド SCC では出力電圧の PWM 制御性を実現するために磁性素子 L が追加で必要となる。5.3 章で述べたように、インダクタはコンデンサと比較してエネルギー密度が低い大型素子である。しかし、汎用的なチョッパ回路と比較して、ハイブリッド SCC ではコンデンサが入力電圧の一部 (図 8-1 (a) の例では $V_{in}/2$) を分担することで L への印加電圧が低減される。これにより、L が担うエネルギーが低減され、L を小型化することができる。汎用の降圧チョッパと比べてスイッチとコンデンサの数が増加するが、コンデンサのエネルギー密度はインダクタと比較して 100～1000 倍程度であるため [1, 2]、回路全体としてはハイブリッド SCC により小型化を達成することができる。

本章ではラダー SCC を基礎としたハイブリッド SCC の回路構成についてのみ動作解析を行うが、他の SCC 回路を基礎とすることも可能である。例として、7 章で紹介した直列/並列 SCC とフィボナッチ SCC にインダクタ L を追加しハイブリッド化した回路構成を図 8-1 (b) と (c) にそれぞれ示す。いずれも 2 段構成 (C_1 と C_2) の降圧タイプのハイブリッド SCC である。図 8-1 のいずれの回路でも、Q_A と Q_B のスイッチングノードに L を接続することで SCC をハイブリッド化している。スイッチングノードで生成される矩形波電圧を用いて L を駆動し、矩形波電圧のパルス幅を調整する PWM 制御により出力電圧調整を行うことができる。

8．1．2．ハイブリッドラダー SCC の動作

　図 8-1 で示した各種のハイブリッド SCC のうち、本節ではハイブリッドラダー SCC について動作解析を行う。動作波形ならびに動作モードを図 8-2 と図 8-3 にそれぞれ示す。通常の SCC と同様、Q_A がオンと

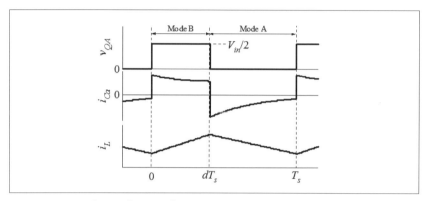

〔図 8-2〕ハイブリッドラダー SCC の動作波形

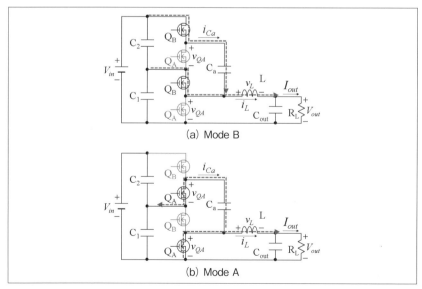

(a) Mode B

(b) Mode A

〔図 8-3〕ハイブリッド SCC の動作モード

なる Mode A、Q_B がオンとなる Mode B を交互に経ることで動作する。本節では、便宜上、Mode B の動作から先に説明を行う。

Mode B：ハイサイドスイッチ Q_B がオンする。C_2 と C_a は Q_B を介して並列接続され、C_a は充電される。この時、各コンデンサに流れる充放電電流波形は、コンデンサの合成容量 C と電流経路の抵抗和 R の積で表される時定数 $\tau (= CR)$ とスイッチング周期 $T_s (= 1/f_s)$ の関係により特徴づけられる（7.3.2 節参照）。SCC の動作により V_{in} は C_1 と C_2 より分圧されているため、Q_A の電圧 v_{QA} は $V_{in}/2$ となる。よって、L の電圧 v_L は次の式で与えられる。

$$v_L = \frac{V_{in}}{2} - V_{out} \quad \cdots\cdots\cdots\cdots\cdots\cdots\cdots\cdots\cdots\cdots\cdots \quad (8\text{-}1)$$

Mode A：ローサイドスイッチ Q_A がオンし、C_1 と C_a が並列接続されることで C_a は放電する。v_{QA} は 0 となるため、v_L は、

$$v_L = - V_{out} \quad \cdots\cdots\cdots\cdots\cdots\cdots\cdots\cdots\cdots\cdots\cdots\cdots \quad (8\text{-}2)$$

Mode B のデューティを d と定義する。定常状態において L の電圧-時間積は 0 となることから、式 (8-1) と式 (8-2) より、

$$d\left(\frac{V_{in}}{2} - V_{out}\right) - (1 - d)V_{out} = 0 \quad \cdots\cdots\cdots\cdots\cdots\cdots \quad (8\text{-}3)$$

式 (8-3) を整理することで、ハイブリッドラダー SCC の入出力変圧変換比が求まる。

$$\frac{V_{out}}{V_{in}} = \frac{d}{2} \quad \cdots\cdots\cdots\cdots\cdots\cdots\cdots\cdots\cdots\cdots\cdots\cdots \quad (8\text{-}4)$$

2 章で述べた降圧チョッパと比較して、ハイブリッドラダー SCC の電圧変換比は 1/2 となる。これは、SCC 部の C_1 と C_2 により V_{in} がそれぞれ $V_{in}/2$ に分圧され、C_1 の電圧（すなわち $V_{in}/2$）を入力電圧として降圧チョッパ部が動作するためである。よって、3 段構成のラダー SCC をハイブリッド化した場合の入出力電圧変換比は $d/3$ となり、n 段構成の場合は d/n で一般化できる。このように、ハイブリッド SCC の電圧変換比は d のみならず SCC の段数 n にも依存するため、n を新たな設

計自由度として取り入れることで汎用のチョッパ回路と比較して電圧変換比を大きく（もしくは小さく）とることが可能となる。

8.1.3. 電荷移動解析

　前章で述べたラダー SCC と同様、ハイブリッド SCC におけるコンデンサには同一の電流が流れるわけではなく、場所によって電流ストレスは異なる。ハイブリッド SCC においても同様に、各々のコンデンサに流れる電流は電荷移動解析により求めることができる[2~4]。ラダー SCC とは異なり、ハイブリッド SCC にはインダクタ L が存在するが、図8-2 に示したように L の電流は直流である。L は電流リプルを含むが、Mode A と Mode B のいずれにおいても平均電流は等しいため、電荷移動解析では L を定電流源として取り扱うことができる。

　図8-4 (a) の Mode A では、ノード x と y におけるキルヒホッフの電流則より次式が得られる。

$$\begin{cases} 0 = -q_1 + q_2 - q_a \\ 0 = -q_2 + q_{i.A} \end{cases} \quad \cdots\cdots\cdots\cdots\cdots\cdots\cdots\cdots\cdots \quad (8\text{-}5)$$

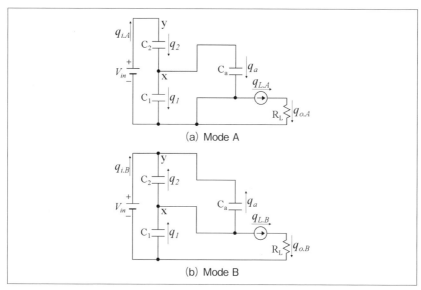

(a) Mode A

(b) Mode B

〔図8-4〕ハイブリッド SCC の各モードにおける電荷フロー

ここで、$q_{i.A}$ は Mode A において入力電源から供給される電荷量である。Mode A における L の電荷量 $q_{L.A}$ と出力電荷量 $q_{o.A}$ は等しいため、

$$0 = q_{L.A} - q_{o.A} \quad\cdots\cdots\cdots\cdots\cdots\cdots\cdots\cdots\cdots\cdots\cdots\cdots\cdots (8\text{-}6)$$

同様に、図 8-4（b）の Mode B では、ノード x と y におけるキルヒホッフの電流則より、

$$\begin{cases} 0 = q_1 - q_2 - q_a - q_{L.B} \\ 0 = q_2 + q_a + q_{i.B} \end{cases} \quad\cdots\cdots\cdots\cdots\cdots\cdots\cdots\cdots (8\text{-}7)$$

$q_{i.B}$ と $q_{L.B}$ は Mode B において入力電源からの供給電荷量、インダクタの電荷量である。$q_{L.B}$ と出力電荷量 $q_{o.B}$ は等しいため、

$$0 = q_{L.B} - q_{o.B} \quad\cdots\cdots\cdots\cdots\cdots\cdots\cdots\cdots\cdots\cdots\cdots\cdots (8\text{-}8)$$

C_1 と C_2 の直列接続は常に電圧源 V_{in} と並列接続されており、直列合成容量の電圧変動はないと仮定できる。すなわち、$dV_C/dt = 0$ であるため、

$$0 = q_1 + q_2 \quad\cdots\cdots\cdots\cdots\cdots\cdots\cdots\cdots\cdots\cdots\cdots\cdots\cdots (8\text{-}9)$$

L は平均電流が I_L の電流源であり、$q_{L.A}$ と $q_{L.B}$ は各モードの長さに比例するため、

$$0 = dq_{L.A} - (1-d)q_{L.B} \quad\cdots\cdots\cdots\cdots\cdots\cdots\cdots\cdots (8\text{-}10)$$

便宜的に、1 スイッチング周期において負荷に供給される電荷量は 1 であるとする。

$$1 = q_{o.A} + q_{o.B} \quad\cdots\cdots\cdots\cdots\cdots\cdots\cdots\cdots\cdots\cdots\cdots (8\text{-}11)$$

ここまでに得られた式は、次の行列・ベクトル表現でまとめられる。

$$\begin{bmatrix} 0 \\ 0 \\ 0 \\ 0 \\ 0 \\ 0 \\ 0 \\ 0 \\ 1 \end{bmatrix} = \begin{bmatrix} -1 & 1 & -1 & 0 & 0 & 0 & 0 & 0 & 0 \\ 0 & -1 & 0 & 0 & 0 & 1 & 0 & 0 & 0 \\ 0 & 0 & 0 & 1 & 0 & 0 & 0 & -1 & 0 \\ 1 & -1 & -1 & 0 & -1 & 0 & 0 & 0 & 0 \\ 0 & 1 & 1 & 0 & 0 & 0 & 1 & 0 & 0 \\ 0 & 0 & 0 & 0 & 1 & 0 & 0 & 0 & -1 \\ 1 & 1 & 0 & 0 & 0 & 0 & 0 & 0 & 0 \\ 0 & 0 & 0 & d & d-1 & 0 & 0 & 0 & 0 \\ 0 & 0 & 0 & 0 & 0 & 0 & 0 & 1 & 1 \end{bmatrix} \begin{bmatrix} q_1 \\ q_2 \\ q_a \\ q_{L.A} \\ q_{L.B} \\ q_{i.A} \\ q_{i.B} \\ q_{o.A} \\ q_{o.B} \end{bmatrix} \quad\cdots\cdots (8\text{-}12)$$

この式を解くことで、各コンデンサの電荷移動量を個別に求めることができる。

　上記では各コンデンサの電荷移動量の比を求めるために便宜的に式（8-11）で負荷への供給電荷量（$1 = q_{o.A} + q_{o.B}$）を定義したが、実際には次式となる。

$$I_{out} = (q_{o.A} + q_{o.B})f_s \quad \cdots\cdots\cdots\cdots\cdots\cdots\cdots (8\text{-}13)$$

この関係を式（8-12）に当てはめることで各コンデンサの充放電電荷量を算出することができる。

　Mode A と Mode B においてコンデンサ C_i に流れる平均電流 I_{Ci} は、式（8-12）から求められる電荷量 q_i と各モードの長さより、

$$I_{Ci} = \begin{cases} \dfrac{q_i}{(1-d)T_s} = \dfrac{q_i f_s}{(1-d)} & \text{(Mode A)} \\[2mm] \dfrac{q_i}{dT_s} = \dfrac{q_i f_s}{d} & \text{(Mode B)} \end{cases} \quad \cdots\cdots\cdots\cdots (8\text{-}14)$$

これらの値は各モードにおける平均電流であり、ピーク電流とは異なる点に注意する必要がある。ピーク電流については、7.3 章でも述べたように τ と T_s の関係に依存し、SSL 領域ではコンデンサに大きな突入電流が流れるためピーク電流は高くなる一方、FSL 領域ではコンデンサの電流は矩形波状となるためピーク電流は比較的低く抑えられる。

8.1.4. インダクタのサイズ

　受動素子のサイズは蓄積エネルギーに比例する。スイッチングにより受動素子の充放電が行われ、定常状態では 1 周期中の充電エネルギーと放電エネルギーはバランスする。

　スイッチングにより 1 周期あたりにインダクタが充電および放電するエネルギー E_{sw} は、インダクタに印加される電圧 v_L と電流 i_L の積を用いて次式で一般化される。

$$E_{sw} = \int_0^{dT_s} |v_L i_L| dt = \int_{dT_s}^{T_s} |v_L i_L| dt \quad \cdots\cdots\cdots\cdots\cdots (8\text{-}15)$$

充放電エネルギー E_{sw} はインダクタ電流波形のリプル電流に相当する。

よって、インダクタの蓄積エネルギー E_L はリプル率 α（汎用のチョッパ回路で 30% 前後）を用いて、次式で定義できる。

$$E_L = \frac{E_{sw}}{\alpha} \quad\cdots\cdots\cdots\cdots\cdots\cdots\cdots\cdots\cdots\cdots\cdots\cdots\cdots\cdots\cdots\cdots \text{(8-16)}$$

1 周期あたりにコンバータから負荷に伝送されるエネルギー E_{out} で E_L を正規化することで、異なる回路方式のインダクタのサイズを次式の指標 S により定量的に比較することができる。

$$S = \frac{E_L}{E_{out}} = \frac{E_L}{V_{out}\, I_{out}\, T_s} \quad\cdots\cdots\cdots\cdots\cdots\cdots\cdots\cdots\cdots\cdots\cdots \text{(8-17)}$$

ハイブリッド SCC における v_L は式（8-1）と式（8-2）で与えられ、図 8-3 より i_L の平均値 I_L は出力電流 I_{out} と等しい。よって、ハイブリッド SCC の E_{sw} は、

$$E_{sw} = \begin{cases} \left(\dfrac{V_{in}}{2} - V_{out}\right) I_{out}\, dT_s & (Mode\ B) \\ V_{out}\, I_{out}\, (1-d)T_s & (Mode\ A) \end{cases} \quad\cdots\cdots\cdots\cdots \text{(8-18)}$$

これを式（8-16）と共に式（8-17）に代入することで、ハイブリッド SCC の S が求まる。

$$S = \frac{1-d}{\alpha} \quad\cdots\cdots\cdots\cdots\cdots\cdots\cdots\cdots\cdots\cdots\cdots\cdots\cdots\cdots\cdots\cdots \text{(8-19)}$$

図 8-5 に $\alpha = 0.3$ とした場合のハイブリッド SCC と降圧チョッパのイ

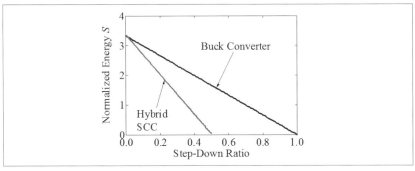

〔図 8-5〕ハイブリッド SCC と降圧チョッパのインダクタサイズ指標 S の比較

ンダクタサイズ指標 S と電圧変換比の関係を示す。ハイブリッド SCC の電圧変換比は式（8-4）で与えられるように 0 から 0.5 の範囲であり降圧チョッパと比べて電圧変換比の範囲は狭い。しかし降圧比が 0.5 以下の領域では、同じ降圧比においてハイブリッド SCC は汎用降圧チョッパと比べて S の値を半減することができる。これは、インダクタのサイズを理論的に半分にできることを意味している。

8.1.5. ハイブリッドラダー SCC の拡張回路

これまでに降圧タイプの2段ハイブリッドラダー SCC の動作について述べたが、段数の変更ならびにインダクタの接続点を変更することで入出力電圧変換比を変えることができる。

例として、図 8-6（a）に3段降圧タイプのハイブリッド SCC を示す。図 8-6（a）では3段 SCC を用いつつ、C_a と C_b のノード（C_2 と並列接続される Q_A と Q_B のスイッチングノード X）に L を接続している。3段ラダー SCC により入力電圧 V_{in} は 1/3 に分圧されるため、各コンデンサの電圧は $V_{in}/3$ である。Q_A がオンとなる Mode A ではノード X の電位は $V_{in}/3$ であり Q_B がオンとなる Mode B では $2V_{in}/3$ となる。よって、各モードにおける L の電圧 v_L は次式となる。

$$v_L = \begin{cases} \dfrac{1}{3} V_{in} - V_{out} & (Mode\ A) \\ \dfrac{2}{3} V_{in} - V_{out} & (Mode\ B) \end{cases} \quad \cdots\cdots\cdots\cdots\cdots\cdots\cdots (8\text{-}20)$$

定常状態における L の電圧 - 時間積が 0 となることから、この式を基に次式の入出力電圧変換比を得る。

$$\frac{V_{out}}{V_{in}} = \frac{1+d}{3} \quad \cdots\cdots\cdots\cdots\cdots\cdots\cdots\cdots\cdots\cdots (8\text{-}21)$$

この式における分母の3は、$C_1 \sim C_3$ により V_{in} が 1/3 に分圧されることを意味する。また、d の値をいくら変化させても電圧変換比は 1/3 以下および 2/3 以上にはならない。これは、ノード X には C_1 の電圧 $V_{in}/3$ と $C_1 \sim C_2$ の電圧和 $2V_{in}/3$ が交互に印加されるためである。つまり、d を操作しても L の左側端子の平均電圧は $V_{in}/3$ から $2V_{in}/3$ の間でしか変化

しないためである。

　別の例として、図 8-6 (b) に 3 段昇圧タイプのハイブリッド SCC を示す。この方式は、出力電圧 V_{out} がラダー SCC により 1/3 に分圧されたものと等価である。すなわち、SCC における各コンデンサの電圧は $V_{out}/3$ である。インダクタ L は入力電源 V_{in} とノード Y に接続されている。ノード Y を構成する Q_A と Q_B、ならびに L と C_1 により、昇圧チョッパが形成される。つまり、C_1 が出力端子に相当する昇圧チョッパとして振る舞う。一般的な昇圧チョッパの入出力電圧変換比は $1/(1 - d)$（ただし、

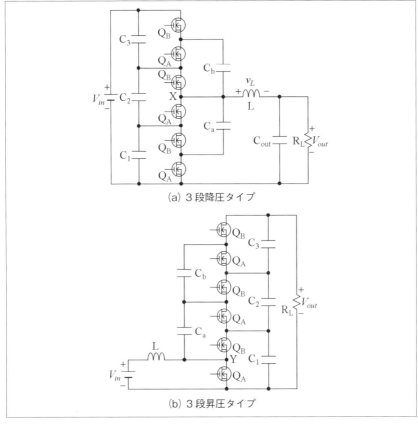

(a) 3 段降圧タイプ

(b) 3 段昇圧タイプ

〔図 8-6〕ハイブリッドラダー SCC の拡張回路構成の例

d は Q_A のデューティ）であるため、図 8-6（b）の 3 段昇圧タイプハイブリッド SCC の入出力電圧変換比は、

$$\frac{V_{out}}{V_{in}} = \frac{3}{1-d} \quad \cdots\cdots\cdots\cdots\cdots\cdots\cdots\cdots\cdots\cdots\cdots\cdots\cdots \quad (8\text{-}22)$$

これは、汎用昇圧チョッパの出力電圧が SCC により更に 3 倍に昇圧されることを意味する。

　本節では 3 段ラダー方式 SCC を用いたハイブリッド構成についてのみ述べたが、図 8-1（b）と（c）に示した他方式の SCC をベースとした拡張回路を構成することもできる。ハイブリッド SCC における入出力電圧変換比はデューティ d で操作可能であり、且つ、段数によっても柔軟に調節することができる。

8.2. 位相シフト SCC

8.2.1. 回路構成と特徴

　位相シフト SCC は、SCC に位相シフト制御用のインダクタを追加することで出力電圧の位相シフト制御を可能としつつ、スイッチング時における突入電流も防止することができる回路方式である[5]。例として、2 段降圧タイプのラダー SCC と直列／並列 SCC に位相シフト制御用インダクタ L を追加した位相シフト SCC を図 8-7 に示す。通常の SCC における C_a に L を直列に追加した回路に相当する（ラダー SCC で Q_3 と Q_4 で構成されるレグと並列接続されるコンデンサは省略している）。通常の SCC やハイブリッド SCC と同様、他のタイプの SCC や多段構成の SCC についても位相シフト制御を採用することができる。以降では、2 段構成の位相シフトラダー SCC（図 8-7 (a)）に絞って説明を行う。

　スイッチ Q_1 と Q_2、および Q_3 と Q_4 は 50% のデューティで相補的に

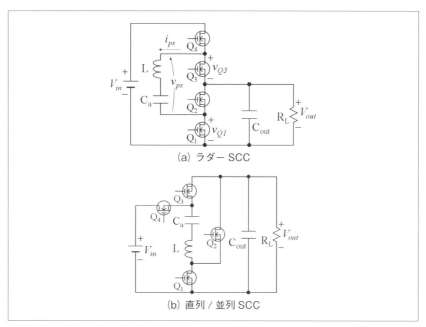

(a) ラダー SCC

(b) 直列／並列 SCC

〔図 8-7〕位相シフト SCC の回路構成例

駆動する。Q_1-Q_2 と Q_3-Q_4 の間に位相差 φ を設けて駆動することで、出力電力制御を行う。これにより、出力電圧 V_{out} を $V_{in}/2$ を基準に高くすることも低くすることもできる。また、C_a と直列に L が挿入されるため、スイッチング時における電流変化は L によって制限されるため突入電流は生じない。ただし、ハイブリッド SCC における L とは異なり、位相シフト SCC 中の L の直流電流成分は 0 であり（C_a と直列接続のため）、L には大きな交流電流成分が生じる。よって、位相シフト SCC で高効率電力変換を達成するためには、高周波域での抵抗成分が小さなインダクタ（表皮効果や近接効果を抑えたもの）を用いることが望ましい。

位相シフト SCC では L が追加で必要となる。しかし、ハイブリッド SCC と同様、電力変換を行う上でのエネルギー蓄積と放出の大部分をコンデンサが担うため、大きなインダクタは不要である。これにより、通常のチョッパ回路等と比較して回路全体の小型化を達成することができる。

また、位相シフト制御を用いる DAB コンバータ（3.7 章）と同様、デッドタイム期間を適切に設けて MOSFET の出力容量 C_{oss} およびスナバコンデンサを L により充放電することで、全てのスイッチに対して ZVS 動作を達成させスイッチング損失を低減することができる。

8.2.2. 動作モード

図 8-7（a）に示した位相シフトラダー SCC の動作波形ならびに動作モードを図 8-8 と図 8-9 にそれぞれ示す。L と C_a が共振しないよう、C_a の静電容量は十分大きく選ばれ、その電圧は一定値であると見なせると仮定する。v_{gs2} と v_{gs4} はそれぞれ Q_2 と Q_4 の駆動信号であり、その位相差を $\varphi[°]$ と定義する。また、位相シフトデューティ φ_d を次式で定義する。

$$\varphi_d = \frac{\varphi}{360} \quad \cdots\cdots\cdots\cdots\cdots\cdots\cdots\cdots\cdots\cdots\cdots\cdots\cdots\cdots (8\text{-}23)$$

本節では簡単のためにデッドタイム期間の動作については無視する。実際の位相シフト SCC では、適切にデッドタイム期間を設け、i_{PS} で MOSFET の出力容量 C_{oss} およびスナバコンデンサの充放電をデッドタイム期間中に行うことで、3.7 節で述べた Dual Active Bridge コンバータ

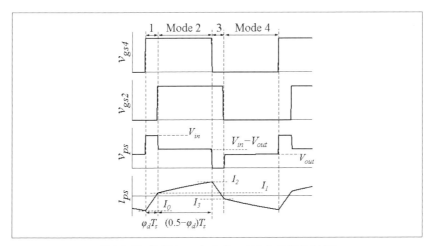

〔図8-8〕位相シフトラダー SCC の動作波形

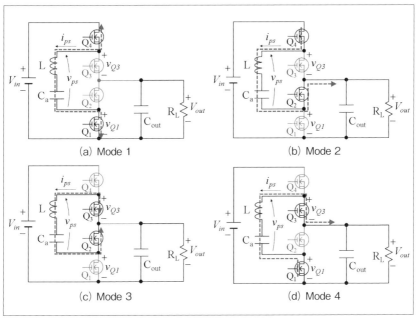

(a) Mode 1

(b) Mode 2

(c) Mode 3

(d) Mode 4

〔図8-9〕位相シフトラダー SCC の動作モード

と同様で ZVS 動作を達成することができる。

各動作モードについて述べる前に、C_a の平均電圧について考える。全てのスイッチは 50% のデューティで動作するため、Q_1-Q_2 のスイッチングノードの平均電位は $V_{out}/2$、Q_3-Q_4 のスイッチングノードの平均電位は $(V_{in} + V_{out})/2$ である。よって、C_a の電圧 V_{Ca} は、

$$V_{Ca} = \frac{V_{in} + V_{out}}{2} - \frac{V_{out}}{2} = \frac{V_{in}}{2} \quad \cdots\cdots\cdots\cdots\cdots\cdots (8\text{-}24)$$

Mode 1：Q_1 と Q_4 が導通状態であり、L と C_a の直列回路には V_{in} が印加される（すなわち $v_{ps} = V_{in}$）。本モードにおける i_{ps} は、

$$i_{ps} = I_0 + \frac{V_{in} - V_{out}}{L}t = I_0 + \frac{V_{in}}{2L}t \quad \cdots\cdots\cdots\cdots\cdots (8\text{-}25)$$

ここで、I_0 は $t = 0$ における i_{ps} の初期値である。Mode 1 は $t = \varphi_d T_s$ まで続き、その時、$i_{ps} = I_1$ であり次式で表される。

$$I_1 = I_0 + \frac{V_{in}}{2L}\varphi_d T_s \quad \cdots\cdots\cdots\cdots\cdots\cdots\cdots (8\text{-}26)$$

Mode 2：v_{gs2} が与えられることで Q_2 がターンオンすると同時に Q_1 はターンオフされる。$v_{ps} = V_{in} - V_{out}$ であることから、Mode 2 における i_{ps} は次式で与えられる。

$$\begin{aligned} i_{ps} &= I_1 + \frac{V_{in} - V_{out} - V_{Ca}}{L}(t - \varphi_d T_s) \\ &= I_1 + \frac{V_{in} - 2V_{out}}{2L}(t - \varphi_d T_s) \quad \cdots\cdots\cdots\cdots (8\text{-}27) \end{aligned}$$

Mode 2 は $t = 0.5T_s$ まで継続され、その時の $i_{ps} = I_2$ は、

$$I_2 = I_1 + \frac{V_{in} - 2V_{out}}{2L}(0.5 - \varphi_d)T_s \quad \cdots\cdots\cdots\cdots (8\text{-}28)$$

Mode 3：v_{gs4} が 0 となり Q_4 がターンオフされると同時に Q_3 がターンオンする。L と C_a の直列回路は Q_2 と Q_3 により短絡されるため、$v_{ps} = 0$ となる。よって、本モードにおける i_{ps} は、

$$i_{ps} = I_2 - \frac{V_{Ca}}{L}(t - 0.5T_s) = I_2 - \frac{V_{in}}{2L}(t - 0.5T_s) \quad \cdots\cdots (8\text{-}29)$$

Mode 3 の末期における i_{ps} は、$t = (\varphi_d + 0.5)T_s$ にて $i_{ps} = I_3$ である。

Mode 4：v_{gs2} が 0 となり Q_2 はターンオフされ、Q_1 がターンオンする。これにより $v_{ps} = V_{out}$ となるため、

$$i_{ps} = I_3 + \frac{V_{out} - V_{Ca}}{L}\{t - (0.5 + \varphi_d)T_s\}$$

$$= I_3 - \frac{V_{in} - 2V_{out}}{2L}\{t - (0.5 + \varphi_d)T_s\} \quad \cdots\cdots\cdots\cdots (8\text{-}30)$$

$t = T_s$ で $i_{ps} = I_0$ となる。

式（8-25）と式（8-29）および式（8-27）と式（8-30）において右辺第 2 項目の係数が極性の異なる同一の形式で表されることから、Mode 1〜2 と Mode 3〜4 の間には動作の対称性があるといえる。これは、図 8-8 の動作波形からも分かる。この動作の対称性より、$I_2 = -I_0$ と $I_1 = -I_3$ が成立する。

8.2.3. 出力特性

i_{ps} は Mode 2 と Mode 4 の期間に C_{out} および負荷 R_L に伝送される。i_{ps} には動作の対称性があるため、Mode 2 において R_L へと伝送される電荷量を半周期で割ることで出力電流 I_{out} が導かれる。

$$I_{out} = \frac{2}{T_s}\int_{\varphi_d T_s}^{0.5T_s} i_{ps}\, dt = \frac{V_{in}T_s\varphi_d(0.5 - \varphi_d)}{2L} \quad \cdots\cdots\cdots\cdots (8\text{-}31)$$

一方、i_{ps} は Mode 1 と Mode 2 の期間に入力電源から供給されるため、入力電流 I_{in} は、

$$I_{in} = \frac{1}{T_s}\int_{0}^{0.5T_s} i_{ps}\, dt = \frac{V_{out}T_s\varphi_d(0.5 - \varphi_d)}{2L} \quad \cdots\cdots\cdots\cdots (8\text{-}32)$$

式（8-31）で表される I_{out} と φ_d の関係を図 8-10 に示す。縦軸は I_{out} を $V_{in}T_s/2L$ で正規化したものである。I_{out} を φ_d で調節可能であり、$\varphi_d = 0.25$（すなわち $\varphi = 90°$）でピークとなる。また、式（8-31）から分かるように I_{out} の値は V_{out} に無依存であり、ある φ_d においては $V_{out} = 0$（すなわち負荷短絡状態）であっても一定電流値となる。同様に、式（8-32）によれば I_{in} は V_{in} に無依存である。

8.2.4. 位相シフト SCC の拡張回路

　図 8-7（a）に示した位相シフトラダー SCC を拡張した回路構成を図 8-11 に示す。Q_5-Q_6 と Q_3-Q_4 の位相差を操作することで、L_b と C_b の直列回路を介して V_{in} から C_1 へと伝送される電力を調節する。同時に、Q_3-Q_4 と Q_1-Q_2 の位相差を操作することで、L_a と C_a の直列回路を介して C_1 から C_{out} への伝送電力を調節する。このように、拡張回路では 2 つの L-C 直列回路を有するため、隣接するスイッチングレグ間の位相差を操作することで C_1 と C_{out} の電圧を個別に調節することができる。また、本章では割愛するが、直列 / 並列 SCC やフィボナッチ SCC に対しても同様に、回路を拡張しつつ位相シフト制御を応用することができる。

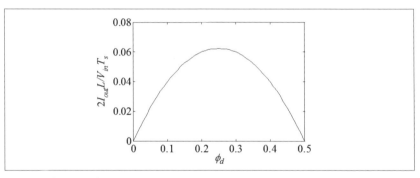

〔図 8-10〕位相シフトラダー SCC における I_{out} と ϕ_d の関係

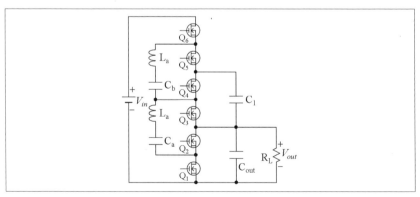

〔図 8-11〕位相シフト SCC の拡張回路

8.3. 共振形 SCC

8.3.1. 回路構成と特徴

　本章では共振形 SCC[6~9] の代表例として、2 段構成のラダー SCC を基礎とした図 8-12 に示す共振形ラダー SCC について述べる。共振形SCC は、従来の SCC に共振用インダクタ L_r を追加しつつ、一部のコンデンサを共振コンデンサ C_r として利用したものである。

　L_r と C_r により形成される直列共振タンクにより回路中で流れる電流は正弦波状となるため、従来の SCC の課題であった突入電流は防止される。突入電流の防止により、素子の電流ストレスの低下ならびに回路の低ノイズ可を達成することができる。回路構成自体は位相シフトラダー SCC と同一であるが、共振タンクの電流を直線状にする必要性がないため、L_r のインダクタンスや C_r の静電容量は位相シフト SCC のものと比較すると小さい素子を用いることができるため、より回路の小型化に適した方式である。

　6 章で述べた共振形コンバータと同様、共振形 SCC の出力電圧はパルス周波数変調（PFM: Pulse Frequency Modulation）による制御が可能である。しかし、一般的に、軽負荷から重負荷までの広範囲の負荷に対して PFM 制御を用いる場合、スイッチング周波数を広い範囲で操作しなければならず、動作の最適化が困難となる。つまり、ハイブリッドSCC や位相シフト SCC 等と比べると、対応可能な負荷の変動幅が狭く、広い範囲で出力電圧を調整することはできない。よって、共振形SCC は、

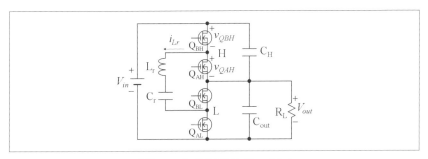

〔図 8-12〕共振形ラダー SCC

従来の固定の入出力電圧変換比で動作する SCC を高効率化、低ノイズ化することを目的に用いられることが多い。

通常の共振形コンバータと同様、共振形 SCC でも共振周波数 f_r よりも高いスイッチング周波数 f_s で動作させる（すなわち $f_s > f_r$）。この条件を満たすとき、ZVS ターンオンを達成することができる。一方、f_r よりも低い f_s で動作させると、スイッチのボディーダイオードの逆回復により大きなスイッチング損失が生じる。$f_s = f_r$ では、電流が 0 となるタイミングでスイッチングが行われることで、ターンオンとターンオフともに ZCS となる。

8.3.2. 動作モード

スイッチ Q_A と Q_B を 50% のデューティで交互に駆動することで動作する。便宜上、C_H と並列接続されるスイッチを Q_{AH}、Q_{BH} とする。$f_s > f_r$ の条件下における共振形ラダー SCC の動作波形ならびに動作モードを図 8-13 と図 8-14 にそれぞれ示す。簡単のため、デッドタイム中の動作については無視する。本節では、Q_B がオンとなる Mode B から説明を行う。

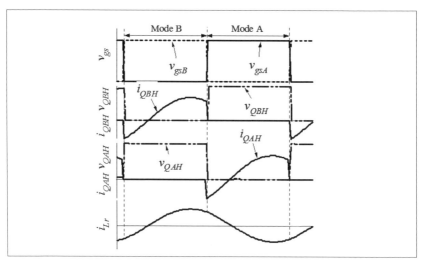

〔図 8-13〕共振形ラダー SCC の動作波形（$f_s > f_r$）

Mode B：共振タンクの電流 i_{Lr} が負の間に v_{gsB} を与えることで Q_B をターンオンし、Mode B が始まる。この時、Q_{BH} にはソースからドレインの方向に電流が流れているため（すなわち i_{QBH} が負）、Q_{BH} は ZVS でターンオンする。i_{Lr} の極性が負から正に反転すると、Q_{BH} の電流はドレインからソース方向へと流れる。i_{Lr} の極性が再び負となる前に v_{gsB} を 0 にするとともに v_{gsA} を与えることで、回路動作は Mode A へと移行する。

Mode A：Q_A がターンオンした直後の Q_{AH} の電流はソースからドレインの方向であるため（すなわち i_{QAH} が負）、Q_{AH} は ZVS でターンオンする。i_{Lr} の極性が正から負へ切り替わると Q_{AH} の電流は正となり、ドレインからソースの方向へと流れることになる。i_{Lr} が 0 に戻ってくる前に v_{gsA} を 0 にすることで Q_A をターンオフしつつ、v_{gsB} を与えて Q_B をターンオンすることで動作は再び Mode B へと移行する。

$f_s = f_r$ における共振形ラダー SCC の動作波形を図 8-15 に示す。i_{Lr} が 0 となるタイミングでスイッチングするため、ターンオンとターンオフと

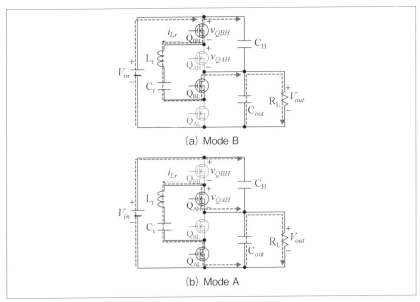

(a) Mode B

(b) Mode A

〔図 8-14〕共振形ラダー SCC の動作モード

もに ZCS を達成することができる。

8.3.3. ゲイン特性

直列共振タンクの共振角周波数 ω_0 ならびに特性インピーダンス Z_0 は次の式で与えられる。

$$\omega_0 = 2\pi f_r = \frac{1}{\sqrt{L_r C_r}} \quad \cdots\cdots\cdots\cdots\cdots\cdots\cdots (8\text{-}33)$$

$$Z_0 = \omega_0 L_r = \frac{1}{\omega_0 C_r} = \sqrt{\frac{L_r}{C_r}} \quad \cdots\cdots\cdots\cdots\cdots\cdots (8\text{-}34)$$

直列共振回路において共振の鋭さ Q_L は次式で定義される。

$$Q_L = \frac{\omega_0 L_r}{R} = \frac{1}{\omega_0 C_r R} = \frac{Z}{R} \quad \cdots\cdots\cdots\cdots\cdots\cdots (8\text{-}35)$$

図 8-12 に示すように、共振形ラダー SCC における共振タンクはノードHとノードLに挟まれており、これらのノードで発生する矩形波電圧の peak-to-peak 電圧はそれぞれ C_H と C_{out} の電圧値と等しい。よって、共振形 SCC は図 8-16 (a) に示す等価回路で表わすことができる。

$v_{m.out}$ は peak-to-peak 値が V_{out} の矩形波電圧である。この矩形波電圧の基本波成分の振幅 $V_{m.out}$ はフーリエ級数より、

$$V_{m.out} = \frac{2}{\pi} V_{out} \quad \cdots\cdots\cdots\cdots\cdots\cdots\cdots (8\text{-}36)$$

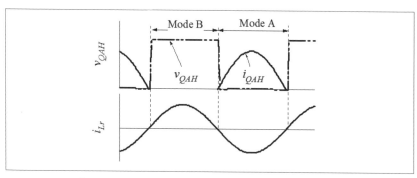

〔図 8-15〕共振形ラダー SCC の動作波形 $(f_s = f_r)$

厳密には i_{Lr} は正弦波ではないが、i_{Lr} は周波数がスイッチング周波数と同一の正弦波電流であると仮定する。出力電流 I_{out} は i_{Lr} の積分を用いて次式で表される。

$$I_{out} = \frac{2}{T_s} \int_0^{T_s/2} i_{Lr}\, dt = \frac{2}{T} \int_0^{T_s/2} I_{m.Lr}\, sin\,(\omega_0 t) dt = \frac{2}{\pi} I_{m.Lr} \quad (8\text{-}37)$$

ここで、$I_{m.Lr}$ は i_{Lr} の振幅である。等価抵抗 R_{eq} は、

$$R_{eq} = \frac{V_{m.p}}{I_{m.Lr}} = \frac{4}{\pi^2} \frac{V_{out}}{I_{out}} = \frac{4}{\pi^2} R_L \quad\cdots\cdots\cdots\cdots\cdots\cdots\cdots\cdots (8\text{-}38)$$

ここで、R_L は負荷抵抗である。

$v_{m.CH}$ は peak-to-peak 値が $V_{in} - V_{out}$ の矩形波電圧である。この矩形波電圧の基本波成分の振幅 $V_{m.CH}$ はフーリエ級数より、

$$V_{m.CH} = \frac{2}{\pi}(V_{in} - V_{out}) \quad\cdots\cdots\cdots\cdots\cdots\cdots\cdots\cdots (8\text{-}39)$$

式 (8-36)、式 (8-38) ならびに式 (8-39) より、図 8-16 (b) に示す基本波近似を用いた等価回路が導かれる。

共振タンクと R_{eq} の合成インピーダンス Z_{total} は、式 (8-40) で定義される Q_L を用いて次のように表せる。

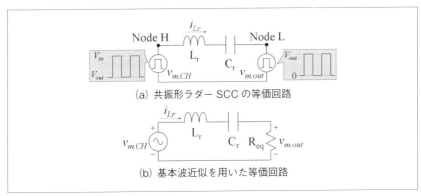

(a) 共振形ラダー SCC の等価回路

(b) 基本波近似を用いた等価回路

〔図 8-16〕共振形ラダー SCC の等価回路

$$Z_{total} = R_{eq} + Z = R_{eq} + j \left(\omega L_r - \frac{1}{\omega C_r} \right)$$

$$= R_{eq} \left[1 + jQ_L \left(\frac{\omega}{\omega_0} - \frac{\omega_0}{\omega} \right) \right] \quad \cdots\cdots\cdots\cdots (8\text{-}40)$$

ここで ω はスイッチング角周波数である。共振形ラダー SCC のゲイン G は、図 8-16（b）の等価回路と式（8-35）より、

$$G = \frac{V_{out}}{V_{in}} = \frac{v_{m.out}}{v_{m.CH} + v_{m.out}} = \frac{R_{eq}}{|Z_{total}| + R_{eq}}$$

$$= \frac{1}{\sqrt{4 + Q_L^2 \left(\frac{\omega}{\omega_0} - \frac{\omega_0}{\omega} \right)^2}} \quad \cdots\cdots\cdots\cdots (8\text{-}41)$$

　式（8-41）で表される共振形ラダー SCC のゲイン特性を図 8-17 に示す。横軸は正規化角周波数であり、ω を ω_0 で除したものである。ゲイン特性は Q_L の値に大きく影響を受け、重負荷では Q_L の値は大きくなる（すなわち、Q_L は負荷の大きさに相当する）。$\omega/\omega_0 = 1$ でゲインは Q_L の値に依存せず常に 0.5 となる。$f_s > f_r$（すなわち $\omega > \omega_0$）の領域（$\omega/\omega_0 > 1$）で動作させるが、ω/ω_0 の増加とともにゲインは低下する。これは、図 8-16 の等価回路において $\omega/\omega_0 = 1$ では $Z = 0$ となるため R_{eq} の電圧は高くなるが、ω/ω_0 が高くなると Z での電圧降下によって R_{eq} の電圧が低下するためである。

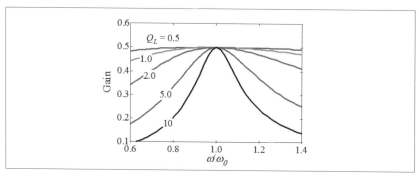

〔図 8-17〕共振形ラダー SCC のゲイン特性

8.3.4. 共振形 SCC の拡張回路

ラダー SCC 以外の SCC 方式に対しても共振用インダクタを追加することで共振形 SCC に応用することができる。図 8-18 に共振形直列 / 並列 SCC ならびに共振形フィボナッチ SCC を示す。7 章で示した通常構成の SCC におけるコンデンサに直列に共振用インダクタ L_r を追加した構成である。ラダー方式と同様、直列共振タンクの共振周波数よりも高い周波数において、Q_A と Q_B のスイッチを 50% 固定のデューティで駆動する。

共振形に拡張した各回路方式では共振動作のメリット（突入電流の防止、ZCS 動作、等）を享受しつつ、7 章で述べた各方式固有の特徴を引き継いでいる。よって、用途や要求に応じて適切な共振形 SCC 方式を選定し用いることができる。

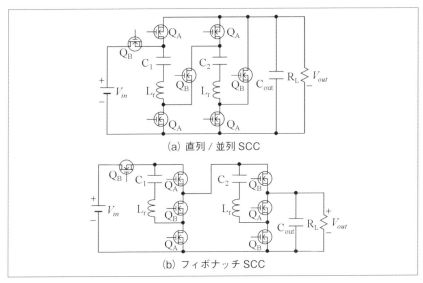

(a) 直列 / 並列 SCC

(b) フィボナッチ SCC

〔図 8-18〕共振形 SCC の拡張回路例

参考文献

1) S. R. Sanders, E. Alon, H. P. Le, M. D. Seeman, M. Jhon, and V. W. Ng, "The road to fully integrated dc–dc conversion via the switched-capacitor approach," IEEE Trans. Power Electron., vol. 28, no. 9, pp. 4146–4155, Sep. 2013.

2) M. Uno and A. Kukita, "PWM switched capacitor converter with switched-capacitor-inductor cell for adjustable high step-down voltage conversion," IEEE Trans. Power Electron., vol. 34, no. 1, pp. 425–437, Jan. 2019.

3) M. D. Seeman and S. R. Sanders, "Analysis and optimization of switched-capacitor dc-dc converters," IEEE Trans. Power Electron., vol. 23, no. 2, pp. 841–851, Mar. 2008.

4) B. Oraw and R. Ayyanar, "Load adaptive, high efficiency, switched capacitor intermediate bus converter," in Proc. IEEE Int. Telecommun. Energy Conf., INTELEC' 07, pp. 1872–1877, 2007.

5) K. Sano and H. Fujita, "Performance of a high-efficiency switched-capacitor-based resonant converter with phase-shift control," IEEE Trans. Power Electron., vol. 26, no. 2, pp. 344–354, Feb. 2011.

6) K. I. Hwu and Y. T. Yau, "Resonant voltage divider with bidirectional operation and startup considered," IEEE Trans. Power Electron., vol. 27, no. 4, pp. 1996–2006, 2012.

7) K. Kesarwani, R. Sangwan, and J.T. Stauth, "Resonant-switched capacitor converters for chip-scale power delivery: design and implementation," IEEE Trans. Power Electron., vol. 30, no. 12, Dec. 2015, pp. 6966–6977.

8) E. Hamo, M. Evzelman, and M.M. Peretz, "Modeling and analysis of resonant switched-capacitor converters with free-wheeling ZCS," IEEE Trans. Power Electron., vol. 30, no. 9, Sep. 2015, pp. 4952–4959.

9) A. Cervera, M. Evzelman, M.M. Peretz, and S.B. Yaakov, "A high-efficiency resonant switched capacitor converter with continuous conversion ratio," IEEE Trans. Power Electron., vol. 30, no. 3, Mar. 2015, pp. 1373–1382.

9

コンデンサにより
小型化を達成する
コンバータ

前章では SCC にインダクタを追加することで出力電圧制御性を付加しつつ小型化を達成可能な電力変換回路について述べた。SCC 以外にも、コンデンサとインダクタを併用することで回路の小型化を実現可能な回路方式が多数存在する。本章では、コンデンサにより回路の小型化を達成可能なコンバータについて、幾つかの例を紹介する。

9.1. Luo コンバータ
9.1.1. 回路構成と特徴

図 9-1 に Luo コンバータの回路構成を示す[1]。Luo コンバータは非絶縁形コンバータの一種であり、汎用の昇圧チョッパにダイオード D_f とフライングキャパシタ C_f を追加することで昇圧比を高めた回路方式である。元々は高い昇圧比が要求される用途向けに考案されたコンバータであるが、従来の昇圧チョッパと比較して同じ昇圧比においてインダクタ L の小型化を達成することができる。

非常に簡素な構成で高い昇圧比ならびに小型化といった長所を有する一方、スイッチ Q のオン時に C_f に突入電流が流れるため、Q と D_f には高い電流ストレスが加わる。突入電流を防止するためには、D_f と直列に小さなインダクタを挿入して C_f と共振させる等の手段が有効である。

9.1.2. 動作モード

Luo コンバータの動作波形ならびに動作モードを図 9-2 と図 9-3 にそれぞれ示す。Q のオン期間のデューティを d とする。ダイオードの順方向降下電圧は無視し、C_f の電圧 V_C は一定であるものと仮定する。

Mode 1：Q がオンし、L には入力電源電圧 V_{in} が印加される。

$$v_L = V_{in} \quad\cdots\cdots\cdots\cdots\cdots\cdots\cdots\cdots\cdots\cdots\cdots\cdots\cdots\cdots\cdots\cdots \quad (9\text{-}1)$$

一方、C_f は D_f を介して V_{in} により充電されるため、C_f の電流 i_{Cf} は突入電流状となる。i_{Cf} の応答特性は電流経路に含まれる静電容量 C と抵抗

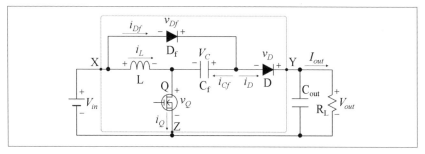

〔図 9-1〕Luo コンバータ

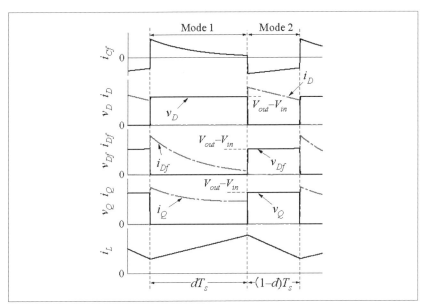

〔図9-2〕Luo コンバータの動作波形

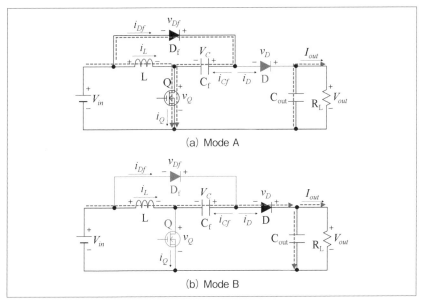

〔図9-3〕Luo コンバータの動作モード

成分 R の積で表される時定数 $\tau(= CR)$ で決定される。τ は dT_s と比べて十分短いと仮定すると、V_C は、

$$V_C = V_{in} \quad \cdots\cdots\cdots\cdots\cdots\cdots\cdots\cdots\cdots\cdots\cdots\cdots\cdots\cdots \quad (9\text{-}2)$$

Mode 2：Q がオフするとともに D_f もオフし、ダイオード D が導通を開始する。Mode 1 で V_{in} まで充電された C_f とともに L は負荷に向かってエネルギーを放出する。よって、L の電圧 v_L は、

$$v_L = V_{in} + V_C - V_{out} = 2V_{in} - V_{out} \quad \cdots\cdots\cdots\cdots\cdots\cdots \quad (9\text{-}3)$$

定常状態において L の電圧 - 時間積は 0 になるため、式 (9-1) と式 (9-3) から、次式で表される Luo コンバータの入出力電圧変換比が導かれる。

$$\frac{V_{out}}{V_{in}} = \frac{1}{1 - d} + 1 \quad \cdots\cdots\cdots\cdots\cdots\cdots\cdots\cdots\cdots\cdots\cdots \quad (9\text{-}4)$$

図 9-4 は従来の昇圧チョッパと Luo コンバータの昇圧比を比較したものである。一般的な昇圧チョッパの昇圧比である $1/(1 - d)$ と比べて 1 だけ大きな昇圧比を得ることができる。式 (9-4) における 1 は C_f の充電電圧 V_{in} に相当する。これは、Mode 2 において、L が C_f と共に時に負荷に向かって放電することに起因する。同じ d において昇圧チョッパよりも高い昇圧比を達成することができるが、取り得る昇圧比の範囲は 2 以上であるため、2 以下の低い昇圧比が要求される用途には Luo コン

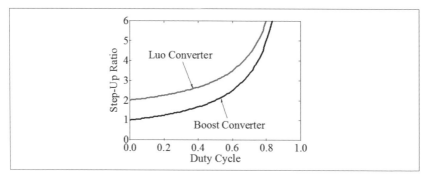

〔図 9-4〕Luo コンバータと昇圧チョッパの昇圧比の比較

バータを用いることはできない。

9.1.3. インダクタサイズの比較

8.1.4 節と同様の手順で Luo コンバータと昇圧チョッパのインダクタのサイズ指標 S の比較を行う。図 9-3 の動作モードより、Luo コンバータと昇圧チョッパの出力電流 I_{out} は L の平均電流 I_L を用いて $I_{out} = I_L(1 - d)$ で表される。また、Luo コンバータの v_L は式 (9-1) と式 (9-3) で与えられる（昇圧チョッパの v_L は、オン期間では V_{in}、オフ期間では $V_{in} - V_{out}$）。

これらをもとに、リプル率 $\alpha = 0.3$ でのサイズ指標 S を算出した結果を図 9-5 に示す。昇圧比 2 以上の範囲において、Luo コンバータの方が小さな値を達成しており、インダクタを小型化できることが示唆される。

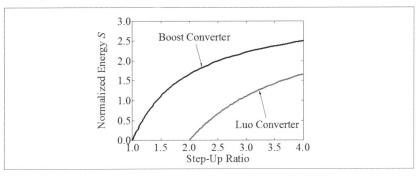

〔図 9-5〕Luo コンバータと昇圧チョッパのインダクタサイズ指標 S の比較

9.2. フライングキャパシタを用いた降圧チョッパ

9.2.1. 回路構成と特徴

　図 9-1 の Luo コンバータにおいてノード X〜Z で囲まれた回路を時計回りに 90°回転させ、ダイオードとスイッチの極性を反転させつつ入出力を異なる端子から取り出すことで図 9-6 に示す降圧チョッパ回路が導出される。図 9-1 の Luo コンバータでのノード X〜Z はそれぞれ入力、出力、グラウンドに対応しているが、図 9-6 のチョッパ回路ではそれぞれ、出力、グラウンド、入力に対応する。

　フライングキャパシタ C_f によってインダクタ L に印加される電圧は低減され、これにより L の小型化を達成する。しかし、2 章で解説した通常の降圧チョッパと比較して降圧比の範囲が半分となるため、幅広い電圧変換比が要求される用途には適さない。また、Luo コンバータと同様、スイッチ Q のターンオン時に C_f にはダイオード D_2 を介した突入電流が流れる。D_2 と直列に小さなインダクタを挿入し C_f と共振させることで突入電流を防止することができるが、コストやサイズを考慮した上で共振インダクタの挿入を考慮すべきである。

9.2.2. 動作モード

　フライングキャパシタを用いた降圧チョッパの動作波形ならびに動作モードを図 9-7 と図 9-8 にそれぞれ示す。定常状態で C_f の電圧 V_C は一定であると仮定し、ダイオードの順方向降下電圧は無視する。

　Mode 1：Q がターンオンされるのと同時に D_2 が導通する。L に加わる電圧 v_L は、

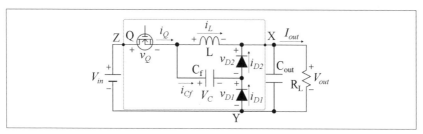

〔図 9-6〕フライングキャパシタを用いた降圧チョッパ

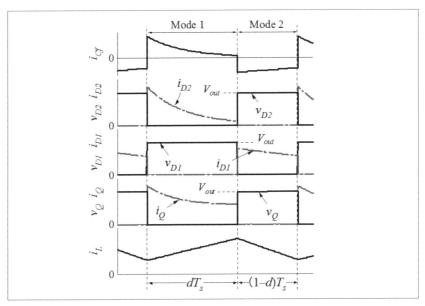

〔図 9-7〕フライングキャパシタを用いた降圧チョッパの動作波形

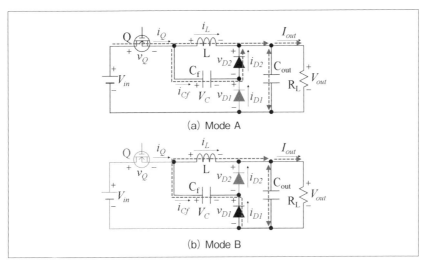

〔図 9-8〕フライングキャパシタを用いた降圧チョッパの動作モード

$$v_L = V_{in} - V_{out} \quad \cdots\cdots\cdots\cdots\cdots\cdots\cdots\cdots\cdots\cdots \quad (9\text{-}5)$$

D_2 の導通により C_f は L と並列に接続されるため、V_C は、

$$V_C = V_{in} - V_{out} \quad \cdots\cdots\cdots\cdots\cdots\cdots\cdots\cdots\cdots \quad (9\text{-}6)$$

C_f は入力と出力の間で直に接続された状態となるため、入出力がともに電圧源であるとすると C_f の電流 i_{Cf} は突入電流状となる。i_{Cf} の時定数 τ は、C_f の静電容量と電流経路の抵抗成分の和の積で決定される。

Mode 2：Q がターンオフするとともに D_1 が導通を開始する。L と C_f は直列に接続されるため $i_L = -i_{Cf}$ となる。すなわち、本モードでの i_{Cf} は突入電流ではなく、L による定電流波形となる。L の左側端子の電位は V_C であるため、本モードにおける L の電圧 v_L は、

$$v_L = V_C - V_{out} = V_{in} - 2V_{out} \quad \cdots\cdots\cdots\cdots\cdots\cdots \quad (9\text{-}7)$$

定常状態では L の電圧 - 時間積が 0 になることから、式 (9-5) と式 (9-7) より、次式の入出力電圧変換比を得る。

$$\frac{V_{out}}{V_{in}} = \frac{1}{2 - d} \quad \cdots\cdots\cdots\cdots\cdots\cdots\cdots\cdots\cdots \quad (9\text{-}8)$$

フライングキャパシタを用いた降圧チョッパと通常の降圧チョッパの電圧変換比を図 9-9 で比較する。式 (9-8) が示すとおり、d の値を変化

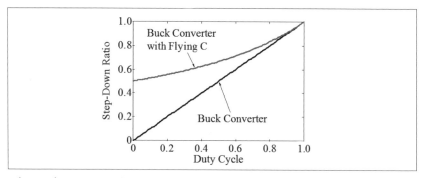

〔図 9-9〕フライングキャパシタを用いた降圧チョッパと汎用降圧チョッパの降圧比の比較

させても降圧比は 0.5 〜 1.0 の間でしか変化せず、通常のチョッパ回路と比較して降圧範囲は狭くなる。

9.2.3. インダクタサイズの比較

Mode 2 では、C_f は L と直列に放電されるため、$i_L = -i_{Cf}$ である。i_L の平均値を I_L とする。定常状態ではコンデンサの充電と放電の電荷量は必ず等しくなるため、C_f の電荷バランスより Mode 1 における i_{Cf} の平均電流 $I_{Cf.M1}$ は次式のように求まる。

$$I_{cf.M1} = \frac{1-d}{d} I_L \quad \cdots\cdots\cdots\cdots\cdots\cdots\cdots\cdots\cdots\cdots \quad (9\text{-}9)$$

図 9-8 に示す電流経路より、i_L は常に負荷に向かって流れる。一方、Mode 1 では C_f を介した電流 i_{Cf} も負荷に向かって流れる。よって、平均出力電流 I_{out} は I_L と $I_{Cf.M1}$ を用いて、

$$I_{out} = I_L + dI_{cf.M1} = I_L(2-d) \quad \cdots\cdots\cdots\cdots\cdots\cdots\cdots\cdots \quad (9\text{-}10)$$

図 9-6 の回路においてスイッチングにより L が充電および放電するエネルギー E_{sw} は、式 (8-15) に基づき導出できる。式 (9-5)、式 (9-8) と式 (9-9) を式 (8-15) に当てはめることで次式を得る。

$$E_{sw} = \frac{d(1-d)}{2-d} V_{out} I_{out} T_s \quad \cdots\cdots\cdots\cdots\cdots\cdots\cdots\cdots \quad (9\text{-}11)$$

リプル率 $\alpha = 0.3$ の条件のもと、サイズ指標 S を算出した結果を図 9-10 に示す。降圧比 0.5 〜 1.0 の範囲において、フライングキャパシタを用いた降圧チョッパの方が S の値が低く、インダクタの小型化を達成可能であることが分かる。

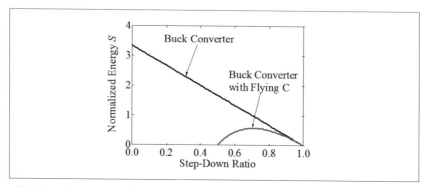

〔図 9-10〕フライングキャパシタを用いた降圧チョッパと汎用降圧チョッパ
のインダクタサイズ指標 S の比較

9.3. フライングキャパシタマルチレベル DC-DC コンバータ
9.3.1. 回路構成と特徴

　降圧型のフライングキャパシタマルチレベル（FCML: Flying Capacitor Multi-Level）コンバータ[2~4]の回路構成を図 9-11 に示す。図 9-11（a）の 3 レベルの回路では、フライングキャパシタ C_f の電圧は $V_{in}/2$ であり、スイッチのデューティに応じてスイッチングノード（Q_1 と D_2 の接続点）では 3 レベルの電圧 v_{sn}（V_{in}、$V_{in}/2$、0）が発生する。図 9-11（b）の 4 レベルの回路では、フライングキャパシタ C_{f1} と C_{f2} の電圧はそれぞれ $V_{in}/3$ と $2V_{in}/3$ であり、4 レベルの電圧 v_{sn}（V_{in}、$2V_{in}/3$、$V_{in}/3$、0）をスイッチングノード（Q_1 と D_3 の接続点）で発生させることができる。従来の降圧チョッパと比較して、インダクタ L に印加される電圧 v_L の変動

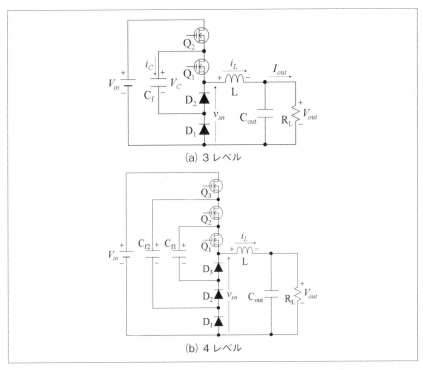

(a) 3 レベル

(b) 4 レベル

〔図 9-11〕フライングキャパシタマルチレベルコンバータ

を抑制しつつ実質的な駆動周波数をスイッチング周波数 f_s の整数倍に高めることができるため、L の小型化を達成することが可能である。

　ハイブリッド SCC 等とは異なり、FCML コンバータにおける C_f は L と直列に充放電が行われる。これにより突入電流は発生しないため、高効率化ならびに低ノイズ化に適した方式である。しかし、レベル数に応じて複数のキャリア波が必要であるのに加えて、C_f を適切な値（例えば $V_{in}/2$）に制御する必要があるため、制御系が複雑化する傾向にある。

9.3.2. 動作モード

　例として、3 レベル FCML コンバータの動作波形ならびに動作モードを図 9-12 と図 9-13 にそれぞれ示す。図 9-12 に示すように、スイッチ Q_1 と Q_2 の駆動には位相が 180°異なる三角波 v_{tri1} と v_{tri2} をキャリア波として用いる。ここで、キャリア波の peak-to-peak 電圧 V_{pp}、指令値 V_{ref} を用いて、デューティを $d = V_{ref}/V_{pp}$ と定義する。$d = 0.5$ を境に動作モードは異なり、$d < 0.5$ では Mode 1～3 を経て動作する。Mode 1 と Mode 2 の長さは dT_s、Mode 3 は $(0.5 - d)T_s$ である。一方、$d > 0.5$ では Mode 1、Mode 2、Mode 4 を経て動作する。Mode 1 と Mode 2 の長さは $(1 - d)T_s$、Mode 4 は $(d - 0.5)T_s$ である。ここでは簡単のため、C_f の電圧 V_C は $V_{in}/2$ の一定値に制御されているものとする。

　Mode 1：Q_2 のゲート - ソース電圧 v_{gs2} が与えられており、Q_2 はオン、Q_1 はオフの状態である。Q_2 と D_2 を介して C_f は L と直列接続されるため、C_f と L の電流は等しい（$i_C = i_L$）。この時の v_{sn} は、

$$v_{sn} = V_{in} - V_C = \frac{V_{in}}{2} \quad\cdots\cdots\cdots\cdots\cdots\cdots\cdots\cdots\cdots (9\text{-}12)$$

　Mode 2：Q_1 がオン、Q_2 はオフの状態である。C_f は D_1 を介して L と接続され、$i_C = -i_L$ となる。本モードにおける v_{sn} は、

$$v_{sn} = V_C = \frac{V_{in}}{2} \quad\cdots\cdots\cdots\cdots\cdots\cdots\cdots\cdots\cdots\cdots (9\text{-}13)$$

　Mode 3：両方のスイッチともにオフ状態である一方、D_1 と D_2 がともに導通する。両スイッチともにオフ状態のため、C_f に電流は流れない。本モードにおける v_{sn} は、

$$v_{sn} = 0 \quad \cdots\cdots\cdots\cdots\cdots\cdots\cdots\cdots\cdots\cdots\cdots\cdots\cdots\cdots \quad (9\text{-}14)$$

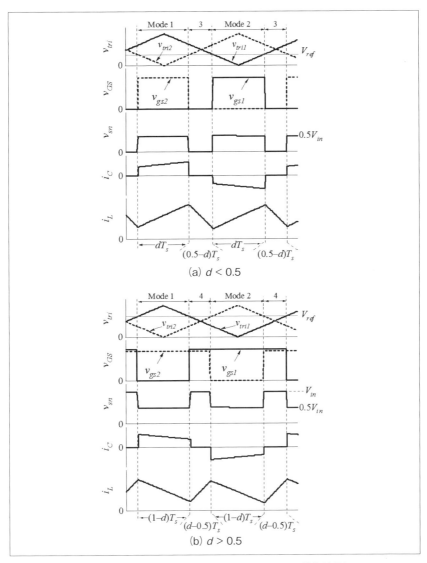

〔図 9-12〕3 レベル FCML コンバータの動作波形

Mode 4：両方のスイッチがオンしており、ダイオードはともにオフ状態である。L は V_{in} と接続されるため、

$$v_{sn} = V_{in} \quad\text{...} (9\text{-}15)$$

L の電圧はいずれのモードにおいても $v_L = v_{sn} - V_{out}$ である。よって、式 (9-12) ～式 (9-15) より各モードにおける v_L は次式で纏められる。

$$v_L = \begin{cases} V_{in} - V_C - V_{out} = \dfrac{V_{in}}{2} - V_{out} & (Mode\ 1) \\[2mm] V_C - V_{out} = \dfrac{V_{in}}{2} - V_{out} & (Mode\ 2) \\[2mm] - V_{out} & (Mode\ 3) \\[2mm] V_{in} - V_{out} & (Mode\ 4) \end{cases} \quad\text{......}(9\text{-}16)$$

ここで得られた v_L と各動作モードの長さから、定常状態における L の電圧 - 時間積が 0 になることを基に FCML コンバータ電圧変換比が

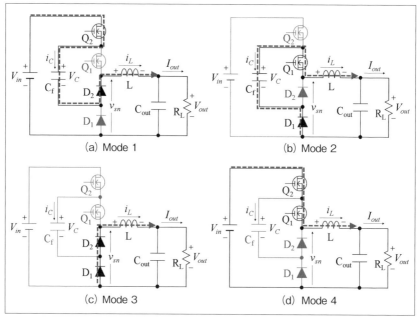

(a) Mode 1　　　(b) Mode 2

(c) Mode 3　　　(d) Mode 4

〔図 9-13〕3 レベル FCML コンバータの動作モード

求められる。

$$V_{out} = dV_{in} \quad \cdots\cdots\cdots\cdots\cdots\cdots\cdots\cdots\cdots\cdots\cdots\cdots\cdots (9\text{-}17)$$

この電圧変換比は 2 章で述べた降圧チョッパと同一である。しかし、図 9-12 の動作波形から分かるように、L の駆動周波数はスイッチング周波数 f_s の 2 倍となっていることに加えて、v_L の変動幅は $V_{in}/2$ に抑えられている（通常の降圧チョッパにおける v_L の変動幅は V_{in}）。これにより、L の大幅な小型化を達成することができる。

9.3.3. インダクタサイズの比較

8.1.4 章と同様の手順で 3 レベル FCML コンバータと降圧チョッパのインダクタのサイズ指標 S の比較を行う。FCML コンバータにおいてスイッチングによりインダクタが充電および放電するエネルギー E_{sw} は、式 (8-15) に基づき導出できる。図 9-12 に示したように、FCML コンバータは $d = 0.5$ を境界に動作モードが変化するため、E_{sw} も $d = 0.5$ を境に異なる式で表される。

$$E_{sw} = \begin{cases} \dfrac{1-2d}{d} V_{out} I_{out} T_s & (d < 0.5) \\ \dfrac{-2d^2 + 3d - 1}{2d} V_{out} I_{out} T_s & (d > 0.5) \end{cases} \quad \cdots\cdots\cdots (9\text{-}18)$$

式 (9-18) を式 (8-16) と式 (8-17) に代入することで FCML コンバータの S が得られる。

リプル率 $\alpha = 0.3$ の条件で算出した S を図 9-14 に示す。全ての降圧比の領域で FCML コンバータの S は降圧チョッパよりも低く、インダクタを小型化できることが示唆される。降圧比 0.5（すなわち $d = 0.5$、$V_{out} = V_{in}/2$）において S が 0 となっている。これは $d = 0.5$ で回路は Mode 1 と Mode 2 のみで動作し、$V_{out} = V_{in}/2$ であるから両モードで $v_L = 0$ となり L のリプル電流が 0 となることに由来する。

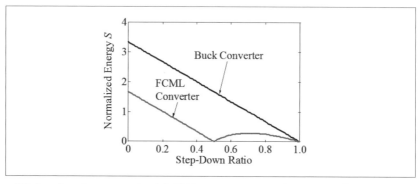

〔図 9-14〕 FCML コンバータと降圧チョッパのインダクタサイズ指標 S の比較

参考文献

1) F.L. Luo, "Luo-Converters, a series of new DC-DC step-up (boost) conversion circuits," in Proc. Second Int. Conf. Power Electron. Drive Systems, May 1997.

2) W. Qian, H. Cha, F. Z. Peng, and L. M. Tolbert, "55-kW variable 3X dc-dc converter for plug-in hybrid electric vehicles," IEEE Trans. Power Electron., vol. 27, no. 4, pp. 1668–1678, Apr. 2012.

3) W. Kim, D. Brooks, and G. Y. Wei, "A fully-integrated 3-level dc-dc converter for nanosecond-scale DVFS," IEEE J. Solid-State Circuit., vol. 47, no. 1, pp. 206–219, Jan. 2012.

4) Y. Lei, W.C. Liu, and R.C.N.P. Podgurski, "An analytical method to evaluate and design hybrid switched-capacitor and multilevel converters," IEEE Trans. Power Electron., vol. 33, no. 3, pp. 2227–2240, Mar. 2018.

索引

英字

ĉuk コンバータ ····················22, 53, 108
DC-DC コンバータ ·············11, 39, 53, 207
Dual Active Bridge（DAB）コンバータ ····66, 111
H ブリッジ ·····························29
IGBT ································5
LLC 共振形コンバータ ···············134, 140
Luo コンバータ ·························198
MOSFET································5, 78, 90, 102
SEPIC ························22-29, 53, 108
Slow Switching Limit ···············156
Superbuck コンバータ ···········22, 26, 108
Zeta コンバータ ·················22, 53, 108

い

位相シフト SCC ················169, 181, 186
位相シフト制御 ·····················114, 121
位相シフトデューティ·······················69
インタリーブ駆動·····················29-32, 34
インタリーブコンバータ ·····················108

き

基本波近似 ·························128, 140
逆回復損失·····························91
共振形 SCC ····················187, 193
共振形コンバータ ·····················120
共振周波数···························124, 135
共振タンク···························120
近接効果·····························81

く

矩形波電圧発生回路（インバータ）·········54

け

結合インダクタ（カップルドインダクタ）·····23, 108

こ

降圧チョッパ····················11, 170, 202
コンデンサ ·····················15, 78, 104

し

時定数··············79. 150-151, 173, 200

ジュール損失 ················78, 93, 120
昇圧チョッパ·············11, 108, 179, 198, 200
昇降圧チョッパ················29-34, 40
ショットキバリアダイオード ·············83, 91

す

スイッチトキャパシタコンバータ ·········104, 148
スイッチング損失 ·········83, 85, 100, 120, 133
スナバ································43

せ

正規化リプル電流 ·····················34
零電圧スイッチング（ZVS: Zero Voltage Switching）
···························67, 73, 85, 100
零電流スイッチング（ZCS: Zero Current Switching）
································85, 100
セラミックコンデンサ ·················79, 104
センタータップ整流回路 ···········55, 57, 129

そ

ソフトスイッチング ·····················100

た

ダイオード整流回路·····················54
ダブラー·························55, 123
炭化ケイ素 SiC（シリコンカーバイド）········102

ち

窒化ガリウム GaN（ガリウムナイトライド）····102
直流偏磁·····················54, 60, 65
直列共振形コンバータ·····················123
直列／並列 SCC·····················162
チョッパ·····························11

て

鉄損 ································91
デッドタイム ·····························21
デューティ·····························15
電荷移動解析·····················160, 174
転流重なり·····························58
電流不連続モード（CDM）·················17
電流連続モード（CCM）·················17

と

等価直列抵抗 ·····················78
同期駆動·····················29-32

同期整流 ···························· 19, 29, 83
突入電流
···· 148, 151, 156, 169, 176, 181, 187, 193, 198, 202

は
ハードスイッチング ·················· 101, 133
ハーフブリッジ ················54, 57, 60, 123
ハイブリッド SCC ······················· 170
パルス周波数変調 ··················· 121, 187

ひ
非対称ハーフブリッジ ····················55
表皮効果 ····················· 81, 100, 182

ふ
ファストリカバリダイオード ···············91
フィボナッチ SCC ························164
フォワードコンバータ ···············48-49, 53
フライバックコンバータ ············· 40, 48, 53

ほ
ボディダイオード ·················· 11, 23, 67

ま
マルチポートコンバータ ··················110
マルチレベルフライングキャパシタコンバータ ·· 105

ら
ラダー SCC ·················· 158, 172, 178

り
リッツ線 ··························· 81
リプル電流 ························· 15, 32

れ
励磁インダクタンス··· 40, 48, 53, 60, 109, 122, 134

ろ
漏洩インダクタンス·· 40, 48, 57, 60, 66, 121-123, 134

■ 著 者 紹 介 ■

鵜野 将年（うの まさとし）
2004 年 3 月同志社大学大学院工学研究科電気工学専攻修了。
2004 年 4 月宇宙航空研究開発機構，宇宙機電源システムの研究開発に従事。
2012 年 3 月総合研究大学院大学物理科学研究科博士後期過程修了（工学）。
2014 年 10 月茨城大学工学部電気電子工学科准教授、現在に至る。
主として、蓄電池や太陽電池システム用パワーエレクトロニクスに関する研究に従事。
2009 年、2013 年、2015 年、電気学会優秀論文発表賞。
2018 年 IPEC Isao Takahashi Power Electronics Award。
2019 年電気科学技術奨励賞。
電気学会、電子情報通信学会、IEEE 各会員。
「地方から世界に羽ばたく技術者育成」を目指しつつ、先進的なパワーエレクトロニクスの研究開発を推進。

●ISBN 978-4-904774-86-1　　　　芝浦工業大学　前多 正　著

設計技術シリーズ

RF集積回路の設計法
—5G時代の高周波技術—

本体 4,500 円＋税

1．雑音
1－1　抵抗の雑音
1－2　MOSFETの雑音
1－3　熱雑音の分布

2．低雑音増幅器
（Low-Noise Amplifier：LNA）
2－1　受信部構成と受信電力強度
2－2　雑音指数と入力換算雑音
2－3　縦列接続構成の受信機の雑音
2－4　受信信号と雑音レベルの関係
2－5　入出力整合
2－6　LNAの入力インピーダンスのスミス
　　　チャート上の軌跡
2－7　カスコード構成LNA
2－8　寄生素子の影響
2－9　増幅器の出力雑音
2－10　等雑音円、等利得円
2－11　回路の非線形性
2－12　雑音キャンセル型LNA

3．ミキサ
3－1　周波数変換の原理
3－2　イメージ信号

3－3　イメージ除去ミキサ
3－4　イメージ除去比
3－5　位相差π/2（90度）の信号生成回路
3－6　ミキサ回路の具体例
3－7　ハーモニックリジェクションミキサ
3－8　最新のミキサ回路

4．電圧制御発振器
4－1　LC発振器の発振条件
4－2　位相雑音
4－3　その他雑音の経路（アップコンバー
　　　ジョン）及び雑音抑制回路
4－4　位相雑音が受信動作に及ぼす影響
4－5　VCOの回路構成例
4－6　直交VCO（Quadrature-VCO）
4－7　注入同期VCO

5．フェーズロックループ
　　（Phase Locked Loop：PLL）
5－1　整数分周PLL
5－2　分数分周PLL
5－3　デジタル制御PLL

6．アナログベースバンド
6－1　フィルタ特性とアナログベースバンド信号
6－2　gmCフィルタ
6－3　離散時間フィルタ
6－4　ベースバンドアンプ（IFアンプ）

7．受信部全体設計（レベルダイア設計）
7－1　受信機アーキテクチャ
7－2　レベルダイア設計
7－3　アナログ回路の不完全性による復調
　　　性能への影響

8．送信部（トランスミッタ）設計
8－1　トランシーバ全体構成
8－2　送信機の性能仕様
8－3　送信機アーキテクチャ
8－4　送信信号が受信性能に及ぼす影響
　　　（SAWフィルタの必要性）
8－5　低雑音ドライバアンプ回路設計
8－6　パワーアンプ（Power Amplifier：PA）
8－7　低歪み・高効率化手法
8－8　アンテナスイッチ
8－9　サーキュレータ

発行／科学情報出版（株）

●ISBN 978-4-904774-89-2　　　　芝浦工業大学　伊東 敏夫　著

設計技術シリーズ

自動運転のための
LiDAR技術の原理と活用法

本体 4,500 円＋税

1．LiDAR採用への歴史
1－1　自律移動車への採用
1－2　自動車への採用と衰退
1－3　自動運転システムへの採用と復活

2．LiDARの構造
2－1　レーザとは
2－2　Time of Flightによる測距
2－3　スキャニング機構
　2－3－1　ポリゴンミラー型
　2－3－2　チルトミラー型
　2－3－3　ヘッド回転型
　2－3－4　MEMSミラー型
　2－3－5　フラッシュ型
　2－3－6　プリズム型

3．LiDARによる障害物認識
3－1　ポイントクラウド
3－2　ポイントクラウドライブラリPCL
　3－2－1　PCLの構成
　3－2－2　PCLの実装

3－3　ポイントクラウドデータでの物体認識
　3－3－1　ポイントクラウドの照合
　3－3－2　問題の定式化
　3－3－3　照合手順
　3－3－4　ICPアルゴリズム
　3－3－5　最近傍点の反復照合
　3－3－6　終了基準
　3－3－7　照合の検証
　3－3－8　RANSAC
　3－3－9　記述子マッチングによる粗い位置合わせ
　3－3－10　法線の導出
　3－3－11　キーポイントの推定
　3－3－12　特徴記述子
　3－3－13　照合とフィルタリング
3－4　物体の属性認識
　3－4－1　本書で用いるLiDAR
　3－4－2　SVMによる属性認識

4．LiDARによるSLAM
4－1　ICPとNDTの比較
4－2　SLAMの実行
4－3　SLAMの実施例

5．LiDARの今後
5－1　ハードウエアの進化
　5－1－1　フェーズドアレイ型
　5－1－2　FMCW方式による測距法
　5－1－3　導波路回折格子型
　5－1－4　多層液晶型
　5－1－5　スローライト型
　5－1－6　レーザ光の波長
5－2　ソフトウエアの進化
　5－2－1　確率共鳴の応用
　5－2－2　カメラとのフュージョン

発行／科学情報出版（株）

●ISBN 978-4-904774-85-4　　　　　　　愛知工科大学　荒川 俊也　著

設計技術シリーズ

AIエンジニアのための
統計学入門

本体 2,700 円＋税

第1章　AIと統計科学の関わり
1.1　AIと機械学習の違い
1.2　「教師あり学習」と「教師なし学習」
1.3　AIと統計科学
1.4　AIの実用例
1.5　AIの活用について
1.6　なぜ「AIと統計科学」なのか
1.7　本書で扱う統計科学の内容
1.8　本章のまとめ

第2章　AIを実践的に扱うために
2.1　ソフトウェア（プログラミング言語）
2.2　ハードウェア
2.3　Raspberry Piとの連携
2.4　本章のまとめ

第3章　確率の基本
3.1　確率とは
3.2　試行と事象
3.3　順列組み合わせ
3.4　期待値
3.5　離散確率分布と連続確率分布
3.6　分散と標準偏差
3.7　確率密度関数
3.8　正規分布について
3.9　二項分布
3.10　ポアソン分布
3.11　本章のまとめ

第4章　ベイズ推定と最尤推定
4.1　条件付き確率
4.2　ベイズの定理
4.3　ベイズ推定とは
4.4　最尤推定
4.5　本章のまとめ

第5章　微分・積分の基本
5.1　極限とは
5.2　微分とは
5.3　導関数
5.4　積分とは
5.5　微分と積分の関係
　　　～位置、速度、加速度から～
5.6　本章のまとめ

第6章　線形代数の基本
6.1　ベクトルとは
6.2　内積
6.3　行列とは
6.4　特殊な行列
6.5　行列の基本演算
6.6　行列の性質
6.7　逆行列
6.8　固有値と固有ベクトル
6.9　行列の対角化
6.10　本章のまとめ

第7章　重回帰分析とは
7.1　相関とは
7.2　相関係数の意味
7.3　重回帰分析
7.4　実際の例
7.5　最小二乗推定とAIの関係性
7.6　本章のまとめ

第8章　最適化問題の基礎
8.1　最適化問題とは？
8.2　凸最適化問題
8.3　凸関数の定義
8.4　機械学習における目的関数とは
8.5　勾配降下法
8.6　目的関数は凸関数か？
8.7　本章のまとめ

第9章　ここまでの話が、
　　　　なぜAIに繋がるのか？

発行／科学情報出版（株）

●ISBN 978-4-904774-73-1　　　東芝デジタルソリューションズ　著

設計技術シリーズ

IoTシステムと
セキュリティ

本体 2,800 円＋税

1．はじめに

2．IoTのセキュリティ課題
2.1．インダストリアルIoTにおけるセキュリティの課題
2.2．IoTシステムに求められるセキュリティ
2.3．セキュリティ国際標準規格・ガイドライン

3．IoTシステムセキュリティリファレンスアーキテクチャ
3.1．セキュリティバイデザインの考え方
3.2．セキュリティリファレンスアーキテクチャ

4．IoTシステムの開発プロセスと注意点
4.1．プロトタイプ開発
4.2．要件定義
4.3．基本設計～システム設計
4.4．プログラム設計
4.5．結合テスト～システムテスト
4.6．受入れテスト～運用・保守
4.7．廃棄

5．IoTシステムの脅威分析／リスクアセスメント
5.1．脅威分析／リスクアセスメント
5.2．セキュリティ基準で求められるセキュリティ要件

6．リファレンスアーキテクチャのセキュリティ要件定義例
6.1．OOBモデルの脅威分析・要件定義の実施例
6.2．TOUCHモデルの脅威分析

7．おわりに

発行／科学情報出版（株）

設計技術シリーズ

パワーエレクトロニクスにおける コンバータの基礎と設計法
―小型化・高効率化の実現―

2020年6月27日　初版発行

著　者　鵜野　将年　　　　　　　　©2020

発行者　松塚　晃医
発行所　科学情報出版株式会社
　　　　〒300-2622　茨城県つくば市要443-14 研究学園
　　　　電話　029-877-0022
　　　　http://www.it-book.co.jp/

ISBN 978-4-904774-83-0　C2054
※転写・転載・電子化は厳禁